U0191803

配电电缆检测

实用技术

刘　凡　李巍巍　张安安　周　凯
曾　宏　杨　琳　吴　驰　张宗喜　编著

中国电力出版社
CHINA ELECTRIC POWER PRESS

内 容 提 要

针对配电电缆运维检修中的难题，结合配电电缆故障产生的机理与原因，本书重点介绍了相应的实用性检测技术，分为理论基础和案例分析两大部分。本书主要内容包括配电电缆概况、配电电缆局部放电检测技术、配电电缆介质损耗检测技术、配电电缆宽频阻抗谱技术、配电电缆修复技术、配电电缆检测技术发展趋势及配电电缆故障案例分析。

本书可供输变电企业、供电企业和电力科研院所等单位的生产人员和技术人员阅读使用，也可供相关技术管理人员参考。

图书在版编目（CIP）数据

配电电缆检测实用技术 / 刘凡等编著. —北京：中国电力出版社，2024.3（2025.1重印）
ISBN 978-7-5198-8166-5

Ⅰ. ①配… Ⅱ. ①刘… Ⅲ. ①配电线路–电缆–检测 Ⅳ. ①TM726.4

中国国家版本馆 CIP 数据核字（2023）第 183476 号

出版发行：中国电力出版社
地　　址：北京市东城区北京站西街 19 号（邮政编码 100005）
网　　址：http://www.cepp.sgcc.com.cn
责任编辑：罗　艳（010-63412315）
责任校对：黄　蓓　王海南
装帧设计：张俊霞
责任印制：石　雷

印　　刷：三河市航远印刷有限公司
版　　次：2024 年 3 月第一版
印　　次：2025 年 1 月北京第二次印刷
开　　本：710 毫米×1000 毫米　16 开本
印　　张：8.5
字　　数：129 千字
定　　价：68.00 元

前 言
PREFACE

随着全球电力行业的迅速发展，电力电缆在全球输配电网中得到越来越多的应用。我国仅在运中压配电电缆就已达 120 余万千米，中压配电电缆具有量大、面广、运行环境恶劣等特点。保障中压配电电缆运行的可靠性和安全性，对于我国电力能源工业的发展及提高电力用户幸福指数具有十分重要的意义。

随着电力电缆在电网供电中的普遍应用，电缆数量激增，电缆故障也随之增多。然而电缆检测技术远滞后于电缆制造和使用技术。内部放电和水树老化是引发电力电缆故障的直接原因。本书针对内部放电缺陷，着重介绍了中压配电电缆局部放电检测技术，实现对内部放电缺陷的精确检测和定位。本书针对水树老化，着重介绍了电缆介质损耗检测技术，实现对配电电缆整体绝缘老化状态的评估；进而介绍了宽频阻抗谱检测技术，实现对老化电缆的缺陷定位；根据缺陷的具体位置和老化情况，介绍了水树老化修复技术，实现精准修复。本书结合不同缺陷的产生和发展机理，介绍了相应检测技术和典型案例，可以很好地指导电缆运维检修和技术管理人员开展相关工作，及时发现电缆隐患，提高供电可靠性。

本书共分为 7 章。第 1 章配电电缆概况，主要介绍了配电电缆应用现状、配电电缆故障产生的机理与原因，并引出相应的检测技术；第 2 章配电电缆局部放电检测技术，主要介绍了配电电缆中引发局部放电的主要缺陷、局部放电机理以及常用的带电和停电局部放电检测技术；第 3 章配电电缆介质损耗检测技术，主要介绍了引发介质损耗变化的水树老化、介质损耗原理和检测技术；第 4 章配电电缆宽频阻抗谱技术，主要介绍了宽频阻抗谱技术原理及其检测技术；第 5 章配电电缆修复技术，主要介绍了配电电缆水树老化修复原理和现场修复技术；第 6 章配电电缆检测技术发展趋势，简要介绍了配电电缆本体、附件、运检及智能化管控新技术；第 7 章配电电缆故障案例分析，对第 2 章～第 5 章中涉及的配电电缆检测实用技术，提供了标准化作业参考和典型案例分析。

本书是对国网四川省电力公司电力科学研究院电缆相关从业人员十几年的科研工作和生产工作的总结提炼，相关成果先后荣获国家电网有限公司、四川省、中国电力企业联合会等科技进步奖。国网四川省电力公司电力科学研究院刘凡、李巍巍负责本书的编写和统稿，国网四川省电力公司电力科学研究院曾宏、杨琳、吴驰、张宗喜等提供资料和相关测试案例，西南石油大学张安安、四川大学周凯及其科研团队提供理论支持，国网四川省电力公司成都供电公司、国网四川省电力公司天府供电公司、国网四川省电力公司绵阳供电公司等多家地市公司为本书中涉及的相关检测技术提供推广应用平台和效果反馈。在本书的编写过程中，编者参考和引用了国内外同行的相关研究成果，在此一并致谢。

限于编者水平，书中难免存在不妥或疏漏之处，敬请业内专家和读者批评指正。

编　者

2023 年 8 月

目 录
CONTENTS

第1章

配 电 电 缆 概 况

在电力系统中，电力电缆和架空线主要用于传输和分配电能。与架空线相比，电力电缆具有传输性能稳定、可靠性高、不占地面空间、线间绝缘距离小、受环境影响小等优势。因此，电力电缆普遍应用于城市地下电网、发变电站引出线、工矿企业内部的供电，以及过江、过海等水下输配电线。

电缆的大规模应用与经济发展和城市化进程息息相关。随着我国经济的飞速发展，用电量与日俱增，电力装机总容量快速增加，电网建设与改造在全国大范围展开，输配电线路的需求量越来越大；同时，城市化规模不断扩大，大量建筑拔地而起，城市用地越来越紧张，人们对环境的要求不断提高，为电网建设留有的空间也越来越小，合理开发利用城市地下空间，城市电网从架空线到入地电缆改造已经成为经济发展和城市化进程的必然趋势。发展至今，交联聚乙烯（cross linked polyethylene，XLPE）电力电缆因其优良的电气、机械、热稳定性能，广泛应用于城市输配电网络中，并且成为整个电力网络的重要组成部分。

电力电缆虽然发展历史悠久、品种众多，但其主要结构部件为导体、绝缘层和护层，图1-1给出典型的中压三芯电缆和高压单芯电缆结构示意图。电缆线路还必须配备各种中间接头和终端等附件。

电力电缆分类方式多样，如图1-2所示。

1

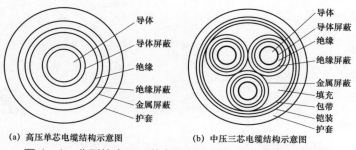

(a) 高压单芯电缆结构示意图　　　　　(b) 中压三芯电缆结构示意图

图 1-1　典型的中压三芯电缆和高压单芯电缆结构示意图

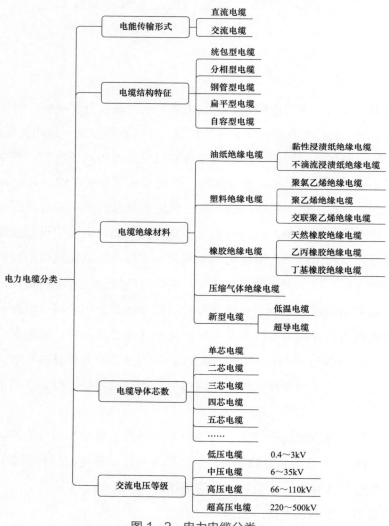

图 1-2　电力电缆分类

按照电能传输形式可以分为直流电缆和交流电缆。

按照结构特征可以分为统包型、分相型、钢管型、扁平型和自容型电缆。

按照绝缘材料可以分为油纸绝缘、塑料绝缘、橡胶绝缘、压缩气体绝缘以及新型电缆。

按照导体芯数可以分为单芯、二芯、三芯、四芯和五芯电缆等。

按照交流电压等级可分为低压（0.4～3kV）、中压（6～35kV）、高压（66～110kV）和超高压（220～500kV）电缆。

1.1　配电电缆应用现状

随着全球电力行业的迅速发展、城市的不断扩张、土地资源的持续紧缺，中压配电电缆作为解决城市土地供应矛盾的一种可行性供电方式在全球电网中得到越来越多的应用。电缆作为输配电载体，就像电力输配电网络的血管一样，不断地为各个地区输送电力能源，配电电缆正如毛细血管，将电能送至千家万户。据不完全统计，中压配电电缆长度占总电缆长度的95%左右。

电力电缆的敷设一般有直埋、隧道、管沟、排管、竖井和桥架等方式。配电电缆敷设在电缆沟、排管内或直接埋于地下，如图1-3所示，处于恶劣环境中运行的电缆，老化与绝缘破坏的例子屡见不鲜。

(a) 直埋

(b) 排管

图1-3　电缆通道（一）

(c) 电缆沟　　　　　　　　　　　　　　　　　(d) 隧道

图 1-3　电缆通道（二）

1.2　配电电缆故障产生的机理与原因

电缆作为传输和分配电能的载体，并兼做电气设备间的连接纽带，电缆绝缘一旦损坏，可能引发火灾或设备损坏，进而影响整个电力系统的正常运行。虽然电力电缆安全性高，但运行过程中依然存在很多故障。同时，电缆安全问题具有地理跨越范围大、故障偶发概率高、灾难损失严重等特点。

1.2.1　故障机理

虽然目前 XLPE 电缆制造工艺已相对成熟，但其制造过程中仍会不可避免地出现杂质、亚微孔等缺陷，再加上运输、敷设损伤及运行环境恶劣等因素，极大地影响了电力电缆的可靠运行，为电力系统的安全运行埋下了重大隐患。XLPE电力电缆的一般设计寿命为 30～40 年。实践证明，电力电缆的运行失效率是时间的函数，其规律符合浴盆曲线（bathtub curve）。电力电缆的安全运行具有明显的阶段性，分别为投运 1～5 年的早期故障期（infant mortality）；投运 5～25年的偶然故障期（random failures）；运行 25 年以上的严重故障期（wearout）。

电缆的短时击穿、长期老化、劣化和破坏存在着时间层次关系，Dissado L.A.和 Fothergill J.C.在 1992 年发表的 *Electrical Degradation and Breakdown in*

Polymers 上，在 $10^{-9} \sim 10^9$s 的时间维度上对聚合物击穿到老化进行了系统详细的分析研究，如图 1−4 所示。Chen G.和 Davies A.E.在研究缺陷对电缆短时击穿和长期老化过程中发现，导电颗粒的存在可以降低短时击穿电压；同时，由于场强的畸变作用，缺陷周围容易引发老化。电缆半导电突起及导电杂质的存在会在绝缘内部形成高电场，导致电缆在投运后很短时间内发生击穿。已有大量实验证明，聚合物电缆绝缘的短时击穿以电树枝形式为先导。长期运行的电缆其内部绝缘缓慢发生老化、劣化直至破坏，制约电力电缆长期安全可靠运行的关键因素也是树枝化。

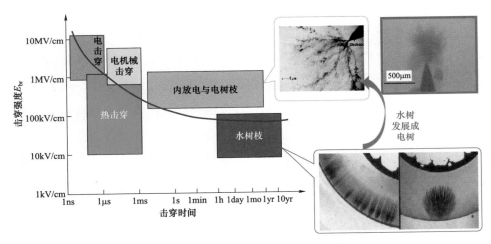

图 1−4　电缆绝缘失效时间尺度关系

对国内电缆故障情况进行统计分析可知，电缆投运初期失效的主要原因是电缆质量问题和安装敷设引入的机械损伤，运行的电缆进入老化后期也会为电力系统的稳定运行埋下重大安全隐患。

交联聚乙烯电缆在电、热、机械外力、水、油、有机化合物、酸、碱、盐及微生物作用下，常常发生老化。在一个绝缘系统中，老化因素可以使材料的特性产生不可逆转的改变，并可能影响到绝缘性能。从实际线路归纳 XLPE 电力电缆的老化原因和老化形态，一般认为局部放电、电树枝、水树枝的发生，是影响电缆及其附件绝缘性能降低的主要原因，且频度较高。XLPE 电力电缆在正常环境中的寿命为 30 年，然而由于电缆敷设在电缆沟或直接埋于地下，敷设环境与使用状态会极大地影响电缆的寿命。随着时间的推移，至今，国内第一批投运的交联聚乙烯电力电缆已经运行了25年以上，接近其设计寿命极限，即将进入浴盆曲线的故障高发阶段，时有应用较早的XLPE电缆绝缘在运行中被击穿并造成停电事故的报道。地下电缆一旦发生故障，寻找起来十分困难，不仅要浪费大量人力物力，而且还将带来难以估计的停电损失。2003年8月14日美国纽约时代广场突发"美加大停电事件"，其原因之一就是美国东北电网的局部电缆网络严重老化，系统操作过电压下同时发生多起电缆绝缘老化击穿事故，最终导致了纽约等大城市的全城停电。

1.2.2　故障成因

在电缆安装、敷设和运行环节很容易出现电缆绝缘损伤、电缆共沟率高、电缆沟积水严重、过负荷和过电压等问题。电缆在运行期间受电、热、机械等多种应力影响，电缆本体及附件长期运行会因材料老化或受外部破坏等原因而发生故障。早期的XLPE电缆大多防水性不佳，水分会在电场的作用下聚集在微观缺陷处，形成多分叉水树区，最终可能诱发电树，导致电缆本体绝缘的击穿。电缆附件是电缆系统的薄弱环节，由于其通常采用现场安装，安装环境难以控制，绝缘结构复杂，安装工艺要求高，缺陷容许度小，如施工工艺不良、防尘措施不到位、密封不好等原因会埋下隐患。

随着交联聚乙烯电力电缆在城网改造中应用不断增多，电缆运行的稳定性直接关系到整个电力系统的安全。2003年，美国和加拿大发生大停电，导致航空、通信系统、道路交通、城市供电系统大面积瘫痪，造成了巨大的损失。仅美国停电带来的经济损失就达60亿美元，可见电力系统的日趋复杂和庞大对供电安全和质量提出了更高的要求。电缆作为城市供电网的主体，由于各种原因也会发生一些突发性故障，对电力系统的安全运行、国民经济生产、人民生活带来影响。根据国家电网有限公司对各种电缆非计划性停电的统计表明，造成电缆停电的主要原因大致有设备选型不当、制造质量不过关、安装调试不当、维护运行不当、过电压、设备老化、外力破坏等。

电缆损坏的部分原因包括：

（1）过载运行。长期过负载运行使电缆温度升高，加速绝缘老化，以致击穿绝缘。

（2）外力破坏。电缆在生产、运输、敷设、运行中，会受到一些机械冲击的破坏和振动，如机械施工挖伤、挖断电缆，另外还会受电缆短路电流电场应力的作用等，这些会导致绝缘材料的龟裂、变形、劳损、保护层遭到破坏等，导致电缆绝缘性能下降。

（3）受潮。电缆的受潮一般可分为两种：浸水和接头进水。浸水一般是由于敷设的工井管沟排水不畅，运行电缆长期在水中浸泡，环境中的水分将会逐渐渗入电缆绝缘，其受潮后绝缘强度将会下降；而接头进水则是由于电缆接头制作工艺可能存在缺陷，其密封性较差，即使没有运行在积水的地下电缆沟道中，环境中的潮气也有可能侵入电缆内部，电缆绝缘性能下降。电缆受潮损坏如图1-5（a）所示。

（4）接地故障。一般接地线和铜屏蔽层接触不充分，会导致发热形成热击穿最终引发停电故障。电缆接地故障损伤如图1-5（b）所示。

（5）绝缘老化。导致绝缘老化的原因可归结为电缆中的局部缺陷会导致电场分布不均，造成局部放电导致绝缘老化；负荷电流过大或短路电流都会引起绝缘材料发热进而引起材料变性、劣化，最终导致绝缘老化；环境中的水分进入电缆绝缘，再在电场的作用下发展成水树，水树进一步发展成电树，最终导致绝缘老化击穿。

(a) 电缆受潮损坏　　　　　　　　　(b) 电缆接地故障损伤

图1-5　电缆故障

根据电缆运行数据统计，电缆线路的故障主要是外力破坏、绝缘老化、过电压和过负荷故障所导致，具体的故障比例如图 1-6 所示。其中外力破坏是第一位的，但是随着电缆线路运行年限的增加，设备老化所占的比重也在增加，包括了电缆本体和附件的老化问题。

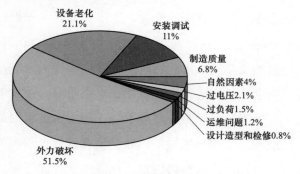

图 1-6　电缆事故图

图 1-7 南方电网在 2006—2016 年间的 132 起 110kV 及以上的电缆系统故障统计结果（不考虑外力），其中，电缆附件故障占比约 86%。因此电缆附件为电缆线路绝缘问题的薄弱点。

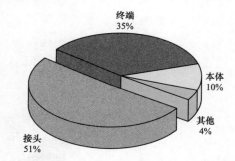

图 1-7　2006—2016 年 110 kV 及以上电缆故障统计

1.3　配电电缆检测技术研究现状

为了检测电力电缆制造、存储、运输及安装过程中的缺陷引起的电缆运行故障，XLPE 电力电缆在投入运行前需要进行验收试验；为了诊断出电缆老化、及时掌握电缆运行状态，XLPE 电力电缆在运行周期中需要定期进行例行试验和诊断性试验。然而，目前电力电缆的检测技术严重滞后于其制造和应用技术，现有的状态检修规程并不能有效捕捉电缆绝缘内微小气隙、杂质、电树枝等产生的局部放电信息，也不能及时掌握电缆老化状态。

1.3.1　电力电缆局部放电检测及定位技术研究

为了保证电力电缆运行的安全可靠性，CIGRE 技术报告、IEC 标准、国家标准指出：对于新竣工的电力电缆工程必须通过耐压试验测试其绝缘性能的好坏。但对于电缆附件安装缺陷导致界面局部放电问题，耐压试验显得束手无策，这类缺陷不仅能通过耐压试验，并且在长时间过电压作用下会进一步发展。上述潜伏性缺陷在强场强下更容易激发局部放电，因此，局部放电检测技术可有效检测上述潜伏性缺陷。

IEEE 的 C-19W 工作组总结了电缆附件典型局部放电源，主要包括：由安装工艺不精导致在半导体截断层的突起及绝缘表面留下刀痕缺陷；由附件材料收缩效应导致在附件与绝缘层界面处留有气隙缺陷；高压导体尖端产生的电晕；附件安装错位导致半导体搭接不良等。缺陷类型与局部放电信号特征密切相关，因此局部放电检测技术可以对电力电缆接头缺陷进行有效识别，为电力电缆绝缘评估提供可靠的参考信息。

电力电缆绝缘缺陷的检测方法主要有直流分量法、直流电压叠加法、电桥法、交流叠加法、低频叠加法、损耗电流测量法、局部放电检测等。由于局部放电是电缆绝缘缺陷发生早期的主要表现形式，而局部放电法是较有效的电力电缆诊断工具，能够在较宽的频带范围内获取电缆内由于绝缘劣化而产生的放电特征信息。配合一定的数字信号处理方法，可获得较高的检测灵敏度对于电力电缆的局部放电检测，IEC、IEEE、CIGRE 等权威机构均制定了测试导则与规范，有助于实现电力电缆局部放电检测的标准化和规范化，提高检测数据的准确性。

在电力电缆绝缘缺陷局部放电检测及定位技术研究方面，目前国内外开展的局部放电检测的方式主要有：

（1）工频正弦波电压下的局部放电检测。电缆是在工频下运行的，其试验电压频率在工频下最为合理，工频正弦波电源下电缆局部放电测试可完全模拟实际运行状况，其原理图如图 1-8 所示。从理论上讲，工频试验不但能反映电缆的泄漏特性，并能完全反映电缆的耐压特性，而且还能准确反映运行电缆的缺陷等引起的局部放电特性。

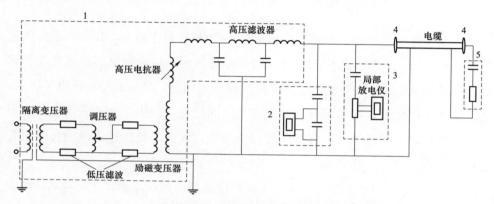

图 1-8　工频正弦波电源下电缆局部放电测试系统

1—高压试验电源（W）；2—高电压测量回路（V）；3—局部放电检测回路；4—试验终端；5—匹配阻抗

在实际应用中，由于电力电缆具有很大的电容量，在试验时需要有很大功率的设备才能进行，这便造成了所需试验电源质量和体积的增大，当电缆较长时因设备太笨重便无法实施局部放电检测，因而电力电缆在工频电压下的局部放电现场检测较为困难。

（2）超低频电压（VLF）下的局部放电检测。0.1Hz 的频率是工频的 1/500，超低频电压下的局部放电检测系统可以较容易地移动到现场进行试验。超低频电源可长期对被试电缆施加恒定电压，始终为 0.1Hz 正弦波，波形没有毛刺且光滑，电压幅值恒定且不随时间变化。0.1Hz 正弦波电压对交联聚乙烯绝缘水树枝具有比较适中的局部放电起始值和较快的局部放电通道（电树枝）增长速度，能在比较低的电压水平下将绝缘内已经存在的不均匀导电性缺陷比较快地转变为贯穿性绝缘击穿，检测出绝缘隐形缺陷。0.1Hz 超低频试验能够在较低的电压下有效地发现交联聚乙烯电力电缆绝缘受潮和存在水树枝的运行缺陷。受技术条件限制，目前仅应用于中、低压电缆的试验，尚不能用于 110kV 等级及以上的高压电缆试验。

（3）阻尼振荡波电压下的局部放电检测（oscillating wave test system，OWTS）。振荡电压试验用于高压电缆的现场交接试验，它是将被试电缆充电，然后通过空芯线圈放电，从而产生一系列的衰减的电压周期，谐振频率为 $f = 1/2\pi \times \sqrt{LC}$。由于电力电缆的损耗因数相对较低，谐振电路的品质因数 Q 维持很高，因此一个较大衰减周期（0.3～1s）的振荡波电压施加在被试电缆上。此时，类似于在工频电压环境下，被试电缆如果有缺陷，将产生局部放电，然后用高速采集卡采集所有这些局部放电信号，从而构成振荡波电压法电缆局部放电测量系统。谐振电路的高 Q 值的优点是使其能在一系列正弦衰减振荡电压下可以测量局部放电。阻尼振荡波电压下的局部放电检测与交流电源法等效性好，作用时间短，操作方便，易于携带，可有效检测电力电缆中的各种缺陷。

1.3.2　电力电缆绝缘状态诊断评估技术

随着运行年限的增加，电缆的绝缘老化尤其是水树老化问题日益严重，威胁电力系统的安全运行，电力系统电缆绝缘老化诊断评估是目前亟须解决的问题。

交联聚乙烯绝缘内的水树枝老化是影响交联聚乙烯绝缘电缆线路使用寿命的重要因素，因为水树枝是导电的，所以绝缘内的水树枝不发生局部放电，在交流电压下进行局部放电测量不能发现绝缘中的水树枝。但是电缆绝缘中导电的水树区域有电损耗存在，会引起介质损耗的增加。而介质损耗增加和电缆绝缘击穿电压下降之间是有联系的。0.1Hz 正弦波电压下可以对电缆绝缘线路的绝缘进行介质损失因数测量，在一定程度上获得交联聚乙烯电缆线路老化程度的信息，确保电缆线路的可靠运行。介质损耗因数（$\tan\delta$）是用来描述介质材料绝缘性能的重要参数之一，$\tan\delta$ 越大的绝缘材料其漏电损耗越大。$\tan\delta$ 与测试电源电压角频率 ω、电容 C、并联等效电路的绝缘电阻 R 有如下关系

$$\tan\delta = 1/(\omega R C)$$

由于 R 和 C 基本不随频率变化，因此，当频率变小时，$\tan\delta$ 会变大，即在低频下应有较大的介质损耗因数。

超低频介质损耗测试，即超低频电压（0.1Hz）下测试 10kV 电缆的介质损耗角正切值，用于诊断交联电缆整体绝缘老化、受潮以及发生水树枝劣化，是评估电缆绝缘状态的有效手段。

1.3.3 电力电缆绝缘修复技术

随着电缆运行时间增长，在电、热、机械、水分及化学物质的作用下电缆绝缘很容易产生水树老化现象，加速电缆击穿，影响电网的稳定运行。

根据 Connecticut 大学材料研究所 Steven Boggs 教授等人的研究报告，普通的 XLPE 电缆在运行 15 年后，剩余击穿电压下降严重，可下降达 50%左右，进入故障高发期（如图 1-9 所示）。国内 XLPE 电力电缆有很多已经运行了 20 年以上，进入事故多发期，其绝缘状况越来越受到相关部门的高度重视。如能对我国大量运行的水树老化电缆进行绝缘修复，将大大延长其使用寿命，降低因电缆水树导致的停电故障，防止电力电缆运行故障率大幅上升进而影响电力系统稳定运行，并带来巨大的经济、社会效益。

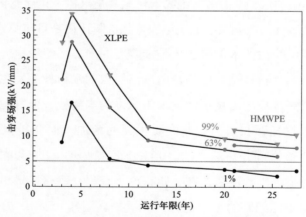

图 1-9 XLPE 电缆击穿电压和运行时间的关系

国外电缆修复技术的主要原理就是通过硅氧烷、催化剂与交联聚乙烯（XLPE）电力电缆中的水分进行水解和缩合反应，从而除掉电缆中的水分，反应后的残留物硅树脂填充在微空隙中，从而达到延长电缆寿命的作用。实践证明，该技术能提高电缆 10～15 年的寿命，但是该技术存在以下三个缺点：

（1）对电缆绝缘修复短期效果好，而中长期效果并不明显；

（2）由于修复液中各种化学成分扩散系数不一致，导致水解反应不充分，散点较低，在 0℃左右，存在安全隐患；

（3）该修复液反应速度比较慢（约一周），导致长时间供电中断。

国内电缆修复技术研究尚处于起步阶段，国网天津市电力公司电力科学研究院的朱晓辉等人在 2003 年对电缆修复技术进行了研究，其现场实验表明，该技术对水树老化电缆的修复效果良好，但其成果主要以国外现有技术为主，同样需在修复速度、修复效果等方面进一步提升。

第 2 章

配电电缆局部放电检测技术

局部放电是造成配电电缆绝缘老化的主要原因，也是绝缘劣化的重要征兆和表现方式，通过检测电缆中的局部放电信号，能够有效地揭示电缆的绝缘问题。配电电缆局部放电时会产生电脉冲、电磁辐射、超声波，相应的有电磁耦合法、特高频法、超声波法等多种检测方法。

2.1 引发局部放电的电缆缺陷

2.1.1 电力电缆绝缘缺陷分析

电力电缆虽然经过严格的出厂试验、竣工试验及例行试验，但是其内部微小的气隙、杂质、半导电凸起等缺陷很难在以往的试验中完全检验出来；同时，电力电缆附件是电缆线路的薄弱环节，在现场安装过程中很容易引入更多的缺陷。电缆投运后很容易在这些缺陷处引发局部放电。

（1）尖端效应畸变电场。尖端效应造成的电缆短路故障主要发生在中间接头处，是安装中间接头时留下的隐患，有的是线芯连接管问题，有的是液压钳模具和操作人员问题，如：有的连接管规格不标准，内径过小，线芯不能穿进。

这时操作人员往往掐断几根导线后再穿连接管，再压型，导致这几根导线在连接管外面翘起，尖锋外露。液压钳模具使用不当或模具变形都能使连接管变形严重，在管体上留下尖锋。线芯尖头和连接管上的尖锋改变了绝缘结构中的电场分布，改变的程度随尖锋曲率半径变小而增强。

（2）边缘效应畸变电场。电缆附件上铜带边缘处电场是一不均匀电场，放电往往是发生在绝缘结构的外侧，从铜带指向导电线芯，产生拉弧。拉弧能引起火灾，扩大故障范围。电缆附件绝缘介质的击穿强度低于工厂制造绝缘击穿强度。在工厂制造绝缘击穿之前，电场集中部位的媒介先行放电。放电火花可视为电极针状般地延伸，进一步畸变电场。当放电起始电压大于工厂制造绝缘的最小击穿电压时，则媒介放电立即引起工厂制造绝缘在较低电压下在边缘处击穿。

（3）杂质污物的影响。安装电缆附件时还容易忽视环境因素的影响，如：工作场地条件差、电缆附件绝缘受到污染、操作者手脏、工器具不干净、金属锯末混入等。杂质污物混入绝缘层里使绝缘层变成了复合介质，对接头质量造成不良影响。金属颗粒引起畸变电场，弱介质增加介质损耗值，发热量增大，发生击穿的可能增大。安装电缆附件时经常发生刀痕过深的情况，这样的刀痕留在 XLPE 绝缘层上不能恢复，刀痕里的媒介最容易先期放电，导致沿刀痕方向上的击穿。

（4）空气湿度影响。线芯防水是电缆施工中的重要环节。水分进入电缆线芯或绝缘层里将在电场作用下发生极化，介质损耗能量值明显增加，产生的热量大。当产生的热量大于散热量时，电缆的温度升高，绝缘介质的介电性能大大下降，先发生局部放电，最终形成绝缘层的贯通性击穿。这种过程先期是缓慢的，后期是快速的，即热击穿。水分留在线芯里将加重 XLPE 绝缘层中水树生长，缩短 XLPE 电缆的运行寿命。

2.1.2　电力电缆缺陷静电场分析

仿真试验主要以电力电缆终端作为研究对象，选择 35kV 冷缩式预制硅橡胶电缆终端如图 2-1 所示。首先根据 35kV 冷缩式预制硅橡胶电缆终端尺寸参数绘制了电缆终端模型，如图 2-2 所示。

图 2-1　35kV 冷缩式预制硅橡胶电缆终端剖面图

图 2-2　35kV 冷缩式预制硅橡胶电缆终端三维模型图

　　将模型建立后，在可能出现局部放电的半导电层断口、铜屏蔽层断口以及两者之间的半导电层区域分别模拟了割伤和凹陷两种缺陷的不同尺寸的模型。利用 ANSYS 电磁暂态分析软件施加各初始条件，观察电场分布图，结果如图 2-3～图 2-5 所示。

　　通过分析不同位置处不同缺陷的电场分布数据，可以得到拟合曲线如图 2-6 所示，

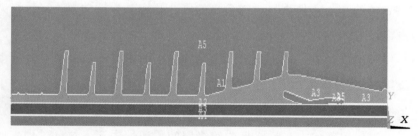

图 2-3　35kV 冷缩式预制硅橡胶电缆终端剖面 1/2 图模型

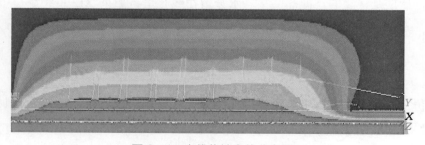

图 2-4　电缆终端电位分布图

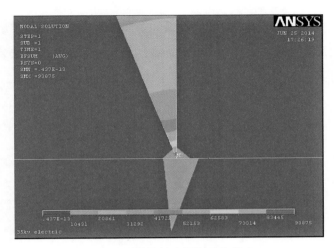

图 2-5　缺陷处电场矢量和分布

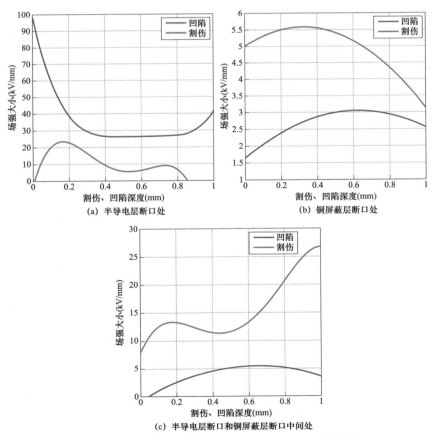

（a）半导电层断口处

（b）铜屏蔽层断口处

（c）半导电层断口和铜屏蔽层断口中间处

图 2-6　各个位置割伤、凹陷缺陷最大场强拟合曲线

通过分析以上内容可以得出，电缆终端最为薄弱的地方是半导电层断口与铜屏蔽层附近的位置，此处应力锥能够保证应力线的均匀分布，但由于安装制作过程中的操作不能得到有效保证，该部位成为电缆终端最容易发生故障的部分。

2.2 局部放电机理

局部放电是绝缘体在强电场作用下部分区域发生击穿但整体没有击穿的现象。众所周知，局部放电发生的原因是多方面的，放电形式也是多种多样的，放电过程是一个比较复杂的物理化学过程。按照局部放电的机理，局部放电基本可分为以下 3 种情况：

（1）汤姆逊放电，主要是以自由电子碰撞电离而引起的，电子雪崩中的电子数目一般不多于 10^8 个。发生局部放电的基本条件是当空隙中电场强度 E 达到放电起始放电场强 E_s，并且同时存在空间自由电子，这也是发生局部放电的两个基本条件。电子雪崩会在空隙壁上积聚表面电荷，临界场强 E_c 指的是当前电子雪崩由于空隙壁上积聚的表面电荷足够多而使得放电停止时，由这些表面电荷产生的附加场强与外加场强的合成场强。

（2）热电离放电，主要是以热电离为主，当温度高于 1000℃ 以上时经常发生这类放电。

（3）流注式放电，主要是以光电离的形式，空隙中存在起始电子且流注条件达到满足时发生的局部放电。另外要求空隙直径必须大于流注直径 4 倍以上，以便流注的传播。

局部放电是指在导体间绝缘缺陷部分的一种短时击穿，是一种局部非整体的绝缘介质的击穿，对这一现象的解释常用电介质局部放电的模型为三电容等效模型。以 Mason 对绝缘结构中含有气隙的放电情况模型描述为例，由于气隙中发生的局部放电时间很短，即放电产生的脉冲信号频率很高，放电信号在等效电路中响应时，相应的电介质中的阻抗远大于容抗，因此相对应的等效电路模型可简化为如图 2-7 所示。

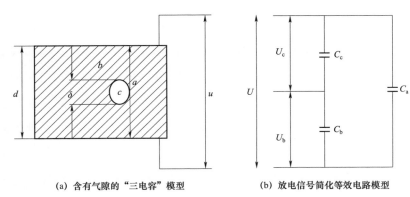

(a) 含有气隙的"三电容"模型　　　　(b) 放电信号简化等效电路模型

图 2−7　气隙局部放电等效电路

C_c—气隙的电容；C_a—其余部分的并联电容；C_b—和气隙串联的介质电容

图 2−8 给出交流条件下的放电波形，图 2−8 中的放电量就是指视在放电量，是可以测量并且可以量化的一个量。

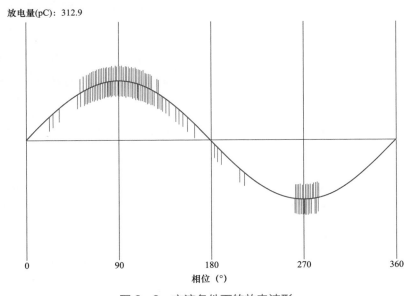

放电量(pC)：312.9

相位（°）

图 2−8　交流条件下的放电波形

2.2.1　局部放电测量的特征参数

检测局部放电特征物理量的选取是揭示电缆的缺陷，判断故障发生、发展的基础。选取的检测特征物理量能够清晰地反映设备内部放电特性，并且具有可测性还可以量化。

一般测量的局部放电的特征参数有局部放电的视在电荷 Q_a、局部放电的重复率 N、放电功率 P、每一次局部放电的能量 W、平均电流 I_a。在测量过程中有可能在数量上确定局部放电的一项或几项特征参数。根据国际标准，进行局部放电试验时必须直接测量视在电荷 Q_a 以及局部放电重复率 N。另外平均电流 I_a 和放电功率 P 可以测量，也可以通过计算确定。单次局部放电的能量 W 一般由计算确定。基于局部放电的视在放电量的值具有统计分布的特性，所以在一般情况下测得试验时的最大视在电荷是很重要的。单位时间内局部放电的次数 N 按电荷值 Q_a 的统计分布曲线通常称为局部放电的振幅谱。在研究局部放电特性时，除了对上述各项特征参数的描述外，最好是能作出局部放电的振幅谱，原因是从这些振幅谱中可以获得局部放电特性更为全面的信息，比如振幅谱曲线包含的面积等于平均电流 I_a；按振幅谱曲线可以更容易地确定给定电压下的局部放电电荷，这在预测绝缘时常常是不可缺少的。为了确定产品绝缘的性能，有时局部放电振幅谱的形式可能是一组信息，然而通过相关的数学分析和信号处理就能获得局部放电中体现其物理本质的参数信息。对于具体试验能够检测的特征物理量主要有以下 6 个：

（1）起始放电电压。起始放电电压是指在试验电压下，试样产生局部放电时，在试样两端施加的电压值。

（2）视在放电电荷 Q_a。视在放电电荷 Q_a 是指局部放电时，一次放电在试样两端出现的瞬变电荷。

$$Q_a = [C_b / (C_b + C_c)]Q_r \qquad (2-1)$$

通过式（2-1）可以得到视在放电电荷与实际放电电荷 Q_r 的关系。一般情况下，$C_c \gg C_b$，所以 Q_a 比 Q_r 小得多。所以在测量中，真正代表放电大小的是 Q_r，但可以通过 Q_a 来间接表明实际放电的大小。如果两个视在放电量相同的产品，$C_b / (C_b + C_c)$ 差别很大，那么 Q_r 的差别也很大。在实际测量中是用规定的标准定量电荷注入试样的两端，使得在局部放电检测仪上的读数与试样局部放电时在同一检测仪上测得的读数最大值相等，这个注入电荷量就是试样的视在放电电荷，也就是通常所说的放电量。

（3）放电重复率 N。放电重复率 N 是指单位时间内局部放电出现的平均脉冲个数，它是一个非常重要的参数，对于目前国内外局部放电的研究资料，基本上都有对这个特征参数的表述，主要是因为，放电重复率能够代表放电的基本特性，放电重复率的大小对设备来说可以代表绝缘破坏的程度，所以在做局部放电研究时，必须要搞清楚放电重复率的物理概念和它随其他物理量的变化规律，这也是我们要研究 $N-Q$ 振幅谱的意义所在。

（4）局部放电的平均电流 I_a。平均电流 I_a 是指在一定的时间段 T 内，视在电荷绝对值的总和和时间 T 的比值。

$$I_a = \frac{1}{T} \sum_1^n |q_{an}| \tag{2-2}$$

（5）局部放电能量。放电能量是指在一次放电中所消耗的能量。假设气隙放电时，气隙上的电压变化为 ΔU_c，当 $\Delta U_c = U_{cb}$ 时，这样在一次放电中消耗的能量为

$$W = \frac{1}{2} q_r \Delta U_c = \frac{1}{2} \left(C_c + \frac{C_a C_b}{C_a + C_b} \right) \Delta U_c^2 \approx \frac{1}{2} (C_c + C_b) \Delta U_c^2 \tag{2-3}$$

当施加在试品两端的电压峰值为 U_{im}，则

$$\Delta U_c = U_{cb} = U_{im} \frac{C_b}{C_a + C_b} \tag{2-4}$$

$$\Delta W \approx \frac{1}{2} Q_r \Delta U_c = \frac{1}{2} U_{im} Q_a \tag{2-5}$$

其中，$Q_a = C_a \Delta U_c$ 为视在放电电荷。

式（2-5）表明放电的能量为放电电荷与起始放电电压峰值乘积的一半，同时也是实际放电电荷和气隙的击穿电压乘积的一半。

（6）放电功率。放电功率是指局部放电时，从试品两端输入的功率，也就是在一定的时间内视在放电电荷与相应的试品两端电压的瞬时值的乘积和时间的比值。

$$P = \frac{1}{T} \sum_1^n q_{an} U_n \tag{2-6}$$

上述 6 个表征局部放电的参量中，视在放电电荷、放电重复率是基本的表征参量。平均电流、放电功率是表征放电量和放电次数的综合效应，并且是在

一定时间内局部放电累计的平均效应。

2.2.2 气体局部放电理论

局部放电引发的先决条件是足够多的自由电子与高于击穿场强的电场强度。电场强度越高，电子在加速移向阳极过程中获得的动能越大，碰撞电离产生二次电子概率就越大。随碰撞电离逐级发生，自由电子呈指数级增长，如式（2-7）。

$$N=n_0 e^{\alpha d} \tag{2-7}$$

式中：n_0 为初始电子数；α 为汤逊第一电离系数，表示单个电子在运动距离 d 期间碰撞电离产生新的电子数。在电场作用下正离子向阴极运动，轰击阴极表面，发射出电子。当电子浓度达到 10^8 时，与离子复合产生光子，光子进入电子崩，激发中性分子电离，放电产生二次电子崩，逐级扩大形成等离子区，发生流注放电。流注放电时间过程较快，放电量较大；碰撞电离放电过程较慢，放电量较小。电缆附件界面局部放电本质上是界面微小空腔内部气体发生放电现象，既包括碰撞电离放电也包括流注放电。

2.2.3 典型局部放电类型

局部放电指发生在电极之间且未贯穿电极的局部放电击穿现象。根据电极间绝缘结构的不同将局部放电分为内部放电、表面放电、电晕放电和电树枝放电。其局部放电类型如图 2-9 所示。

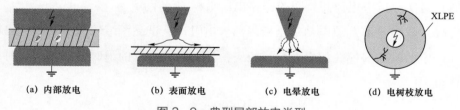

(a) 内部放电   (b) 表面放电   (c) 电晕放电   (d) 电树枝放电

图 2-9 典型局部放电类型

内部放电：发生于绝缘介质（固体介质与液体介质）内部气隙的放电现象。
表面放电：发生于两种不同材料边界的放电现象。

电晕放电：发生于极不均匀电场下的气体介质中。

电树枝放电：发生于聚合物材料内部中空碳化通道。

对于电缆附件早期界面缺陷导致的局部放电，可归类为以下两类放电：

（1）发生于两种绝缘介质之间的气隙放电，如硅橡胶与 XLPE 之间气隙放电，属于内部放电。

（2）发生于绝缘介质与金属/非金属导体之间气隙放电，如半导电层突起、应力锥错位、悬浮金属颗粒等，属于密闭条件下的表面放电。

电缆附件两类早期缺陷放电模型如图 2-10 所示。

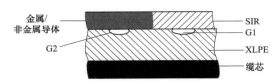

图 2-10　电缆附件早期界面缺陷模型

G1—内部放电；G2—密闭条件下的表面放电

2.2.4　局部放电过程

（1）内部放电。对于 G1 型内部放电，当外施电压足够高，空穴 G1 内部发生放电，放电过程使中性气体分子电离，产生正离子、电子、负离子，从而形成大量空间电荷，在电场作用下，移动到气隙壁上，形成与外施电场相反的电场。因此 G1 内部电场强度由外施电场与空间电荷产生的电场强度共同决定。图 2-11 为空穴内电场强度变化，其中 $E_i = fE_0 + E_{res}$。E_i 为空穴内部合成场强；fE_0 为在外电场作用下空穴内的场强；E_{res} 为空间电荷所产生电场强度。$t_1 \sim t_5$ 为局部放电发生时刻。局部放电产生的空间电荷会削弱当前外施电压半周的电场，增强下一个外施电压半周的电场强度。因此放电相位往往超前于外施电压峰值相位点。

（2）表面放电。不同于内部放电，由于气隙内壁一侧是绝缘介质，另一侧为导体，因此放电产生的空间电荷只能积累在一侧。对于 G2 型空穴，当电缆缆芯接高压，半导电层接近地电位，在外施电压正半周，半导电层为负极性，易发射电子，同时正离子撞击阴极产生二次电子发射，表现为放电次数多而放电量小；外施电压负半周，放电次数少，放电量大。放电呈不对称分布。

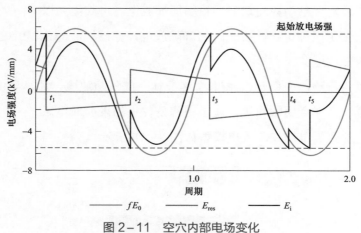

图 2-11　空穴内部电场变化

2.2.5　影响局部放电的因素

研究表明，气隙内部放电的大小及频次与气隙内壁表面电导率、气体压强、气体成分、温度与表面粗糙度有关。随着局部放电的演变，这些物理参数自身也会发生变化，同时也会影响局部放电的进程。下面将结合现有研究结果对各物理参数对局部放电的演变做简要综述。

（1）表面电导率。Li J、Si W 等人测量了内部气隙壁局部放电老化前后的电导率，结果表明绝缘表面电导率随局部放电老化时长的增加而增加。随着局部放电的进行，气隙壁表面生成导电性液体薄膜，可能是气隙内水分与局部放电气体副产物反应的生成物。对于内部气隙放电产生的残余电荷在电场作用下附着在气隙壁表面，其表面电导率影响电荷衰减常数。电导率越高，残余电荷衰减越快，对下次放电影响越小，甚至无影响。同时气隙空穴表面电导率越高，可提供的有效初始电子也就越多。表面电导率的变化，宏观上反映在局部放电相位分布情况，即随着表面电导率的增加，一旦外施电压大于最小起始放电电压，就会产生局部放电信号，局部放电相位分布范围变窄。

（2）表面粗糙度。大量学者对空穴表面粗度与局部放电之间的关系进行了研究。在局部放电初始阶段，空穴表面被液体薄膜覆盖，随着老化进行，液体结晶，在空穴表面产生固体副产物，这些副产物是有机酸（甲酸、乙酸、羟酸）晶体混合物。进一步得出，在电子崩轰击聚合物表面与有机酸化学腐蚀作用下，空穴内部形成永久性老化，表面粗糙度增加。表面粗糙度的增加会影响自由电子级二次电子的供给，可能导致出现多点放电，反映在局部放电谱图上为表面越粗糙，放电相位越宽，放电幅度越小。

（3）气压与体积。局部放电发生时伴随着氧化反应，同时聚合物内含有大量 C—H 键，因此放电消耗氧气的同时会生成含 C、O 的气体，如 CO、CO_2 等。氧气消耗速率与其他气体副产物生成速率决定空穴内气压的变化。Wang L.、Cavallini A.等人研究了密闭气隙气压随局部放电老化过程的变化情况。在局部放电初始阶段，氧气消耗速率较大，气压下降；随后局部放电气体副产物增加，气压增大。气压增大到一定值开始减小，直至击穿。

（4）气体成分。空穴内气体成分影响碰撞电离系数。气体分子的电子亲和性直接影响放电的可能性。对于电负性气体，电子易附着，导致电子崩数目减少，甚至难以引发二次电子崩，从而阻碍放电产生。

（5）局部放电副产物。空穴内壁长期局部放电老化后会生成有机酸晶体。晶体尖端电场畸变严重，更易激发局部放电，放电电离出的电子不断轰击空穴内壁表面，聚合物链断裂，可能引发电树，直至击穿。图 2-12 为局部放电进程中空穴物理化学变化。

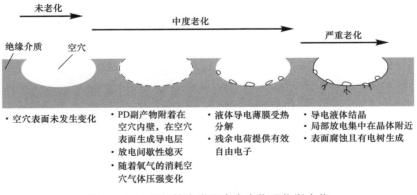

图 2-12　局部放电进程中空穴物理化学变化

2.3　局部放电的检测方法

局部放电的检测方法有：

（1）非电量检测方法。

1）光学法。记录局部放电的辉光，利用透明电极，可记录电极边缘的局部放电。这种方法灵敏度高，可以确定局部放电的位置，并且抗干扰性能较好，唯一的不足就是不能记录不透明装置内部的局部放电，这也是该方法的最大局限性。

2）声学法。可检测不透明物体内部的局部放电，其灵敏度相对于光学法低，且受电介质厚度和隔音性能影响。在实际工程应用中受到一定的制约。

3）红外检测法。依据是局部放电会引起局部温度升高，通过红外探测器和热成像来实现检测；对因局部放电引起的过热故障较灵敏，如果局部放电没有引起局部过热，就无法实现监测。

4）化学检测法。原理是分析油中气体成分，在对变压器试验时会经常用到；该方法对发现早期潜伏性故障较为灵敏，但不能很准确地反应突发故障。

（2）电气检测方法。这种方法目前应用较广泛，且灵敏度相对非电气的方法高，比较典型的检测方法主要有并联检测法、串联检测法和平衡检测法。

1）并联检测法。并联检测法为标准试验电路，也称为并联法，适用于必须接地的试品，这种方法最大的缺点就是高压引线对地杂散电容并联在试品电容上，会降低检测的灵敏度。并联检测法原理图如图 2－13 所示。

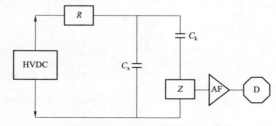

图 2－13　并联检测法原理图

HVDC—高压直流电源；R—保护电阻；Z—检测阻抗；C_x—试品电容；C_k—耦合电容器电容；
AF—滤波放大器；D—基于工控机设计的局部放电测试仪

2）串联检测法。这种电路的连接方式要求试品的低压端对地浮置，优点是变压器入口电容和一些杂散电容与耦合电容并联，这样有利于提高试验灵敏度；缺点是试样损坏时会损坏输入单元。串联检测法原理图如图 2-14 所示。

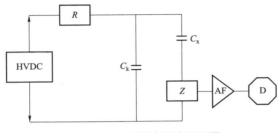

图 2-14　串联检测法原理图

3）平衡检测法。这种电路要求两个试品要相似，至少电容量应该是同一数量级的。这种电路的最大优点是对外电路的干扰有较好的抑制作用，可以消除杂散电容的影响；缺点是必须要求两个试品相似，当出现放电时，需要判断是那个试品产生的。平衡检测法原理图如图 2-15 所示。

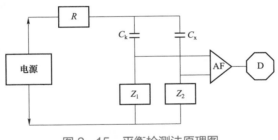

图 2-15　平衡检测法原理图

Z_1、Z_2—平衡阻抗

2.3.1　局部放电特征提取算法

局部放电机理十分复杂，放电的发生具有很强的随机性，很难从个别信号来判断放电类型。数据量的增加势必使模式识别更为复杂。局部放电试验所得信号是计算机采集到的各时刻的放电量，要根据这一输入来判断局部放电类型是无法实现的。特征量提取就是从复杂的信号中找出与局部放电类型有关的潜在特征，也就是通常所说的放电指纹。常用的提取特征量的方法是利用一种算法将计算机获得的信息内容映射到另一个特征空间。

目前，电缆附件局部放电信号特征提取方法常用的主要有统计特征参数法、图像特征参数法、波形特征参数法及小波变换理论等。国内外研究学者经过长期大量研究，发现局部放电信号相位信息对于缺陷类型的识别尤为重要，因此，上述特征提取方法中最为有效的是以局部放电相位分布图谱为基础的统计特征参数法。

采集得到的信号经过处理分析确认是局部放电信号后，可编辑程序绘制局部放电信号相位分布图谱，包括单位时间放电次数 – 放电量 – 放电相位（$n-q-\varphi$）三维图谱、放电次数 – 放电相位（$n-\varphi$）二维图谱、放电量 – 放电相位（$q-\varphi$）二维图谱，然后根据需要提取局部放电特征量。

2.3.2　局部放电信号分类识别技术

局部放电的模式识别算法也称为模式识别分类器，其流程为利用实验室中不同局部放电类型的样本数据作为训练数据进行模型学习，通过调整算法中的参数建立数据特征与放电类型之间的映射关系，该过程称为模式识别算法的学习过程。实际应用时以待识别的数据作为输入，对放电类型进行识别，输出放电类型。目前应用比较广泛的局部放电模式识别分类器主要有支持向量机分类器、基于距离的模式分类器和神经网络分类器等。

（1）基于距离的模式分类器。基于距离的模式分类法是依据待识别样本与训练样本之间的距离来判别模式匹配的程度，距离越小则模式匹配度越高。模式识别中常用的基于距离的模式分类方法有趋中心度法、最小距离法和最近邻法。但是这类方法的缺点是存储量大、计算量大，每个测试样本要对每个模板计算一次相似度，所需的计算时间相对其他方法多一些。

（2）神经网络类型分类器。神经网络分类器是局部放电模式识别中最常用的分类器，它由大量神经元组成的非线性动力系统，神经元之间通过权系数相连接。人工神经网络的知识分布式存储于连接权系数中，具有很好的容错性和自适应性。由于在模式识别中往往存在噪声干扰和输入模式的部分损失，人工神经网络的这一优点是其成功解决模式识别问题的主要原因之一。

1）BP 神经网络。反向传播（back-propagation，BP）神经网络按有导师学习方式进行训练，主要采用反向传播算法进行学习训练。3 层以上的多层 BP 神经网络学习算法比较复杂，使用不多。

2）径向基神经网络。径向基（radial basis function，RBF）网络不仅具有良好的推广能力，而且避免了 BP 算法中冗长、繁琐的计算，并能避免局部极小问题，可以得到最优解，同时 RBF 网络具有更强的函数逼近和模式分类的能力。因此 RBF 神经网络在局部放电模式识别中得到了广泛的应用。

3）极限学习机。极限学习机（extreme learning machine，ELM）是一种简单易用、有效的单隐层前馈神经网络学习算法。2004 年由南洋理工大学黄广斌副教授提出。传统的神经网络学习算法（如 BP 算法）需要人为设置大量的网络训练参数，并且很容易产生局部最优解。极限学习机只需要设置网络的隐层节点个数，在算法执行过程中不需要调整网络的输入权值以及隐元的偏置，并且产生唯一的最优解，因此具有学习速度快且泛化性能好的优点。

极限学习机是一种高速的神经网络训练算法，他通过大量增加随机参数的隐藏层神经元来减少传统神经网络需要调整过多参数的问题，使得需要通过训练进行调整的参数减少为一个，并且在求解过程中使用解析求解法一次求得全局最优的参数，避免了局部值的情况。ELM 已经在岩性识别、软测量建模、非均衡学习等方面取得了较好的应用，并且正在逐渐受到研究者的关注。

但是人工神经网络同其他理论一样也不是完美的，也有其固有弱点，比如要求更多的训练数据，无法获取特征空间中的决策面等。

（3）支持向量机分类器。支持向量机（support vector machine，SVM）是 Vapnik 和他的合作者于 20 世纪 90 年代中期提出的。它在有限个训练样本的学习精度和泛化能力之间取得了良好的平衡，从而获得了较好的推广能力。目前在模式识别方面，SVM 已被广泛应用于手写数字识别、目标识别、语音鉴定、人脸识别和文本分类中。英国的 Hao L.，Lewin P.L.等人通过对变压器局部放电信号进行小波分解，用小波分解系数作为特征量，使用径向基核函数的支持向量机对 3 种缺陷信号进行了识别，取得了较好的识别效果。

核函数作为支持向量机算法中的一个核心技术，将输入空间映射到线性可分的再生核希尔波特空间（RKHS），映射后的 RKHS 空间中样本的特性对于构造决策函数至关重要，核函数的性质及具体形式确定了 RKHS 空间，核函数的选择决定了构造分类器的空间性质。尽管只要满足 Mercer 条件的函数在理论上都可选为核函数，但不同的核函数，所产生的性能是不同的。目前对于一个具体问题如何选择核函数仍是一个尚未解决的开放问题，很多研究者进行了各种各样的尝试，但目前还没有一个指导原则。常用的核函数主要有多项式核函数、径向基函数、Sigmoid 函数等。

2.4　电力电缆局部放电现场检测技术

2.4.1　电力电缆带电智能缺陷诊断技术

电缆在电力系统应用越来越广泛，它的运行状况直接关系到电力系统的安全和经济运行，电缆在长期的运行过程中，在电、热、机械和环境等应力的长期作用下，绝缘逐渐劣化，电气性能下降，导致绝缘故障，设备损毁和大规模的停电，造成巨大的经济损失和社会损失。

在电缆运行故障的前期，局部放电就有明显的特征信号产生。因此，检测局部放电并进行局部放电特征分析，获取反映电缆绝缘劣化状态的放电特征信息，可有效发现绝缘缺陷隐患，准确评估电缆绝缘的老化状态。因此，局部放电监测是目前有效的电缆绝缘检测方法。

电力电缆缺陷诊断是在了解缺陷类型及程度等信息后，对当前电缆可靠性及剩余寿命做准确判断，进而做出修复或更换的措施。当前大多数带电检测方法采用单一传感器进行检测，缺点是单一传感器只能采集电缆附件发生局部放电时的一部分信号或一定频带范围内的信号，具有片面性，后续的分析判断通常也只能判断出缺陷类别或位置信息，无法对电缆附件的老化程度（可靠性和剩余寿命）做出准确判断，这在一定程度上使得电缆缺陷诊断方法成为一种没有实质作用的识别工具。因此，有必要对电缆附件局部放电信号进行全面采集分析，以实现缺陷类型、大小、电缆附件老化程度等信息的全方位判断，进而便于对发生局部放电的电缆附件采取有效措施，防止绝缘故障发生。

2.4.1.1　电磁耦合检测法

电磁耦合法是常用的最为有效的现场检测电缆局部放电信号的方法。电缆内发生局部放电时，会有部分电流通过外屏蔽层接地线，流入大地。在屏蔽层接地线上套接高频电流传感器（HFCT），感应接地线上的局部放电电流，以判断局部放电现象的发生。图 2-16 为电磁偶合检测法中传感器安装示意图。

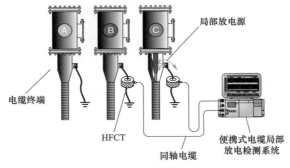

(a) 单芯电缆终端接头高频电流传感器（HFCT）安装示意图

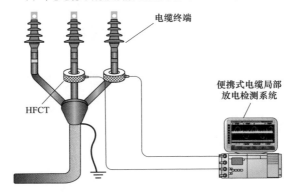

(b) 三芯电缆终端接头高频电流传感器（HFCT）安装示意图

图 2-16　电磁偶合检测法中传感器安装示意图（一）

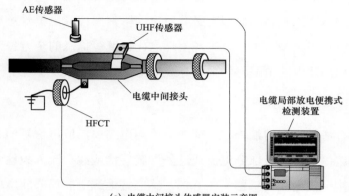

（c）电缆中间接头传感器安装示意图

图 2-16　电磁偶合检测法中传感器安装示意图（二）

高频电流传感器采用宽频带罗戈夫斯基线圈型电流传感器，用于采集电缆地线上的局部放电信号。由于罗戈夫斯基线圈型电流传感器的测量回路与被测电缆之间没有直接的电气连接，故其结构简单，无饱和现象，能很好地抑制外界噪声，且安装简便。

电流耦合器在检测电力电缆局部放电时，一般来说，所检测到的脉冲信号是很微弱的，约为微安级。为了便于观察和读数，须经过放大电路将电流耦合器的输出信号进行放大。同时，为了不失真地放大电流传感器的输出信号，要求放大电路的频带宽度与电流传感器的频宽相匹配，即放大电路的频宽要大于电流传感器的频宽。图 2-17 为高频电流放大器的原理图。

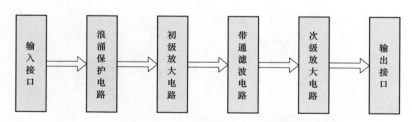

图 2-17　高频电流放大器的原理图

高频电流传感器采用外置钳式电流传感器，图 2-18 为高频电流传感器实物图。

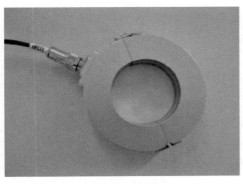

（a）高频电流传感器　　　　　　　　　（b）高频电流传感器的放大器

图 2-18　高频电流传感器和放大器

2.4.1.2　特高频（UHF）检测法

特高频法检测频带高，远离噪声干扰频谱中含量丰富的低频段，抗干扰能力强；而窄带干扰（如无线电干扰、手机信号等）可通过频谱和检波波形分析等手段加以识别，故特高频检测技术便于局部测量。图 2-19 为特高频检测法中传感器安装示意图。

特高频传感器由天线和信号放大滤波单元组成。天线动态范围 -65～-10dBm，检测灵敏度小于 1pC。图 2-20 为特高频传感器的实物图。

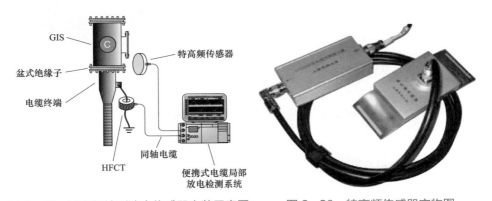

图 2-19　特高频检测法中传感器安装示意图　　　图 2-20　特高频传感器实物图

2.4.1.3　超声波检测法

超声波检测法是一种非电测量法，在测量时可以有效避免电气干扰。但声

传播随距离的增加衰减较快,超声波检测法多用于电缆接头附近的检测。图2-21
为超声波检测法中传感器现场安装示意图。

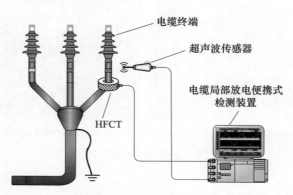

图2-21　超声波检测法中传感器现场安装示意图

超声波传感器能把声发源在被测物体表面产生的机械振动转换为便于测量
的电信号。图2-22为超声波传感器实物图。

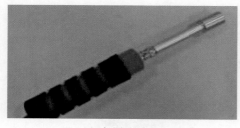

（a）声发射传感器

（b）超声放大器

图2-22　超声波传感器实物图

高频电流传感器利用电磁耦合原理来采集局部放电信号。用高频电流耦合
器作为局部放电信号检测元件的优点是高压电力电缆及其附件与测量回路之间
没有电气连接,可以较好地抑制噪声,传感器安装简单、操作方便,可检测到
完整的局部放电脉冲。

局部放电信号特高频检测法因检测频率高、抗干扰能力强和灵敏度高等特
点,近年来在气体绝缘组合电器和电力变压器的局部放电检测中获得了比较成
功的运用。目前,该检测法用于高压电力电缆检测处于起步阶段,主要是因为

UHF 信号沿电缆传播时衰减快，难以实现长距离检测。因此 UHF 适用于对尺寸较小的高压电力电缆附件绝缘缺陷产生的局部放电进行检测。

超声波法是利用超声波传感器检测电缆终端发生局部放电时产生的超声波信号，优点是避免了与高压电缆及电缆附件的直接电气连接，使此方法受电气干扰比较小、安全性高；该方法可以采用传感器固定安装的方式实现在线监测，也可以采用移动传感器进行便携式检测。缺点是由于传播衰减等原因，能采集的声信号很微弱。

高压电气设备发生局部放电时，放电量往往先聚集在与接地点相邻的接地金属部位，形成对地电流，在设备的金属表面上传播。对于内部放电，放电量聚集在接地屏蔽的内表面，屏蔽连续时在设备外部很难检测到放电信号，但屏蔽层通常在绝缘部位、垫圈连接、电缆绝缘终端等部位不连续，局部放电的高频信号会由此传输到设备屏蔽外壳。因此，局部放电产生的电磁波通过金属箱体的接缝处或气体绝缘开关的衬垫传出，并沿着设备金属箱体外表面继续传播，同时对地产生一定的暂态电压脉冲信号，地电波传感器就是通过检测该信号进行局部放电检测的。地电波传感器主要用于 GIS 开关柜等设备的局部放电检测。

2.4.1.4 多传感器的电缆附件局部放电响应特性

采用 HFCT 与 UHF 两种传感器，研究典型电缆附件界面缺陷局部放电单波的时频特征。分别利用 HFCT 与 UHF 采集老化 264h 刀痕缺陷相、半导电层突起相与完好相局部放电单波。为避免局部放电随机性产生分析误差，每相随机选取 5 个局部放电单波，绘制时域波形及频域谱图并作归一化处理，检测结果见表 2-1。3 种界面情况下的局部放电单波时域特征类似但又存在差别：时域上 HFCT 检测到的信号表现为双指数衰减脉冲波形，UHF 为双指数振荡衰减波形；刀痕缺陷相局部放电半峰值脉宽最宽，完好相次之，半导电层突起最小。刀痕缺陷相频谱峰值点为 3、75MHz；完好相局部放电频谱峰值约为 5、70、107、218MHz，半导电层缺陷局部放电频谱频率分峰值点为 10、25、54、110、260MHz。半导电层突起缺陷局部放电信号频率成分最丰富，高频分量最多。因此基于局部放电单波的时频分析可实现不同缺陷类型识别。

表 2-1 不同传感器下缺陷单波时频特征

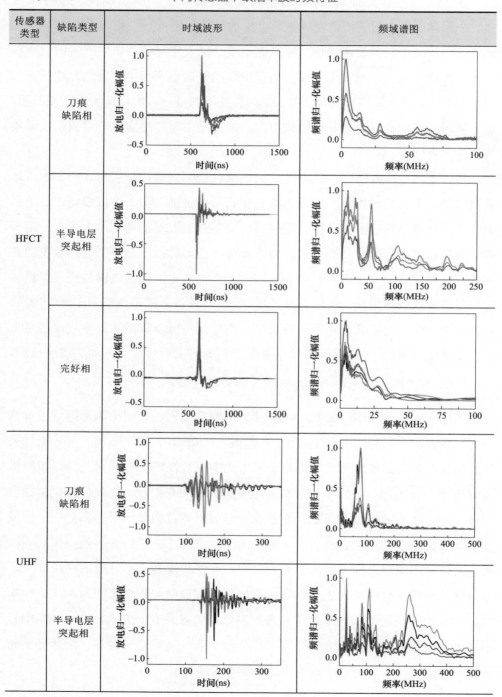

传感器类型	缺陷类型	时域波形	频域谱图
HFCT	刀痕缺陷相		
	半导电层突起相		
	完好相		
UHF	刀痕缺陷相		
	半导电层突起相		

续表

传感器 类型	缺陷类型	时域波形	频域谱图
UHF	完好相	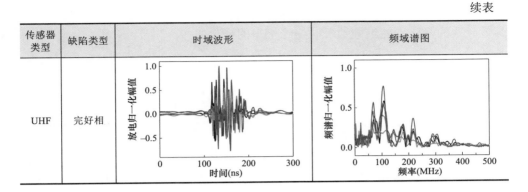	

从现场应用考虑，HFCT 虽然成本信号频宽较低，但因其安装在地线上更易收到来自众多由地线耦合而来的干扰。UHF 传感器可实现无接触式检测且安装较为方便，但因高频电磁波信号在传播的过程中会有较大衰减，UHF 传感器如果放在离局部放电源较远位置便不易接收到频率较为完整的电磁波信号，且通常现场环境复杂，UHF 可能接收到来自手机、雷电、随机电磁脉冲等多种干扰，较难实现对局部放电的有效检测。故为实现对局部放电信号的有效采集，可采取多传感器相结合的方式，以多种传感器局部放电信号的时频特征对局部放电信号进行判别，多角度评估电缆绝缘状态水平，保障电缆线路运行可靠性。

2.4.1.5 电缆附件典型缺陷时频特征变化规律

进一步研究统计老化过程中刀痕缺陷相与半导电层突起相单波变化规律，统计单次检测周期局部放电信号，经过脉冲提取及白噪声滤除后得到单波信号，计算所提取的单波信号等效时宽与等效频宽，并取平均值。刀痕缺陷相局部放电单波时频特征老化规律如图 2-23 所示，其中误差线为标准差。

由图 2-23 可知，整个老化过程局部放电时频特征呈非线性变化。整个老化过程中刀痕缺陷相局部放电单波等效时宽大于半导电层突起相缺陷。两类缺陷在老化 240h 之前局部放电单波平均等效时宽呈减小趋势，264h 突然增大，之后逐渐减小直至击穿。刀痕缺陷局部放电单波平均等效频宽在 192h 波动幅度增大，在 192h 后刀痕缺陷绝缘进一步劣化；半导电层缺陷放电同样在 192h 后平均等效频宽出现波动，其等效放电量同样在该时刻之后出现波动，由此推断可能是界面绝缘进一步劣化导致放电时频特征及放电量出现变化，且局部放电等效频宽的变化更能灵敏地反映绝缘水平的变化。

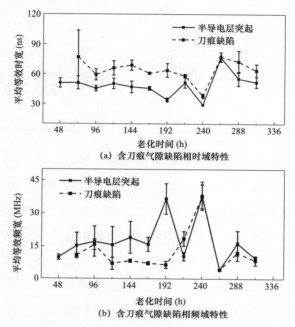

(a) 含刀痕气隙缺陷相时域特性

(b) 含刀痕气隙缺陷相频域特性

图 2-23 刀痕缺陷相局部放电单波时频特征老化规律

综上，局部放电单波时频特征不仅与缺陷位置、尺寸相关，同时与被测试品缺陷严重度相关。因此对于局部放电在线监测，应将当前局部放电特征量与历史局部放电特征进行对比分析，以实现电缆附件绝缘故障提前预警。

2.4.1.6 电缆终端解体观察

在老化实验过程中，仅有刀痕气隙缺陷相电缆发生了击穿，所以这里仅对击穿的刀痕缺陷相样本终端进行解体观察，如图 2-24 所示。

电缆终端击穿瞬间产生高能热量，导致电缆附件界面大面积碳化。为便于观察，擦去电缆主绝缘表面炭黑，电缆外半导电层截断处有明显放电烧蚀痕迹，应力锥覆盖刀痕位置处有明显烧蚀损坏。刀痕通道从半导电截断处至末端，碳化程度逐渐减轻。在气隙通道内隐约可见有击穿点。将击穿点附近电缆主绝缘切片，在显微镜下进行观察，如图 2-25 所示。在击穿点附近有明显的树枝化

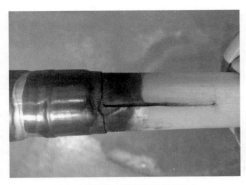
(a) 电缆绝缘刀痕气隙缺陷处放电

(b) 电缆附件处放电通道

图 2-24 刀痕气隙缺陷相终端解体

通道。推测刀痕气隙缺陷从局部放电引发至击穿过程为由于气隙通道处电场畸变严重，放电在气隙处最先发生，放电区域因局部放电物理化学腐蚀作用，表面被碳化。在切向电场作用下放电区域从点连成片，直至与半导电层相连，气隙通道接近地电位。在法向电场作用下，在电场畸变最严重的点径向长出枝状电树，并在冲击电压、工频电压下，不断注入电子，轰击 XLPE 大分子链，使得 XLPE 晶区结构被破坏，材料进一步劣化，最终导致击穿。

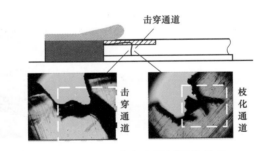

图 2-25 击穿点附近切片观察

通过 HFCT 与 UHF 两种传感器，对主绝缘划伤与外半导电层突起两根缺陷电缆不同老化阶段的局部放电脉冲信号进行分析，得出其脉冲时频特征在不同时期的变化规律。最后对击穿的刀痕缺陷相进行解体切片观察，确定击穿路径，进一步研究在正交电场下的电缆附件界面绝缘失效机理。

2.4.2　振荡波局部放电检测技术

局部放电测试是评估电力电缆绝缘质量的重要方法，特别是挤出型绝缘材料的电缆。由于电缆的绝缘结构中往往会因加工技术上的难度或原材料不纯而存在气隙和有害性杂质，或由于工艺原因，在绝缘与半导电屏蔽层之间存在间隙或半导电体向绝缘层突出，在这些气隙和杂质尖端处极易产生局部放电，同时在电力电缆的安装和运行过程当中也可能会产生各种绝缘缺陷导致局部放电。

2.4.2.1　振荡波电压与工频电压下局部放电测量的等效性

电缆工频局部放电检测采用串联谐振的方式进行，如图 2-26 所示。试验回路由励磁变压器、高压电抗器和负载电容（被试电缆）组成。串联谐振等效原理图如图 2-27 所示。

图 2-26（a）为串联谐振回路的原理图，其中：T 为励磁变压器，L 为高压电抗器的电抗，C 为负载电容（被试电缆），U_i 为励磁变压器输出电压，U_C 为试验电压。

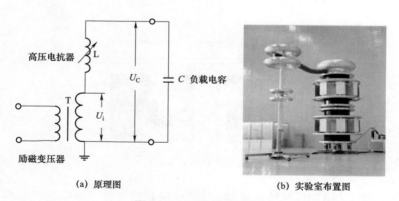

(a) 原理图　　　　　　　　(b) 实验室布置图

图 2-26　串联谐振回路

回路阻抗 Z 可以由式（2-8）表示：

$$Z = R + \mathrm{j}\left(\omega L - \frac{1}{\omega C}\right) \qquad (2-8)$$

式中：R 为阻尼电阻；ω 为电源角频率，$\omega = 2\pi f$。

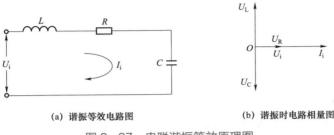

(a) 谐振等效电路图　　　　　　(b) 谐振时电路相量图

图 2−27　串联谐振等效原理图

由式（2−8）可见，改变 L、C 或 ω 使其满足如式（2−9）所示条件时，流过高压回路上 L 及 C 的电流达到最大值，这时电路达到谐振，这是在 RLC 串联电路中发生的，故称为串联谐振。

$$\omega L - \frac{1}{\omega C} = 0 \qquad (2-9)$$

对于实际的电缆局部放电测试回路，负载电容 C 主要随试品电容的变化而变化，试品确定，C 即确定，R 的最小值取决于回路实际存在的等效电阻，一般不可调节，故主要通过调节高压电抗器铁芯间隙距离（10:1）来改变电感值 L，使回路满足谐振条件。谐振时，回路电流 I、电抗器电压 U_L、负载侧电压 U_C 分别为

$$I = \frac{U_i}{|Z|} = \frac{U_i}{R} \qquad (2-10)$$

$$U_L = \mathrm{j}\omega L I = \mathrm{j}\frac{\omega L}{R}U_i = \mathrm{j}QU_i \qquad (2-11)$$

$$U_C = -\mathrm{j}\frac{1}{\omega C}I = -\mathrm{j}\frac{1}{\omega C R}U_i = -\mathrm{j}QU_i \qquad (2-12)$$

其中，Q 定义为谐振回路的品质因数，可得

$$Q = \frac{1}{R}\sqrt{\frac{L}{C}} \qquad (2-13)$$

实际应用中，Q 值通常可达 40 以上，因此在试品上的电压可达励磁电压的 40 倍以上。

（1）试验变压器的设备容量小。不用谐振时，容量 $P_0 = U_0 I_0 = U_0^2 \omega C$，用谐振时，容量 $P_r = U_i I_i = \dfrac{U_0}{Q} \times \dfrac{U_0}{QR}$，其中，$U_i = \dfrac{U_0}{Q}$，$R = \dfrac{1}{\omega C}$，所以 $\dfrac{P_0}{P_r} = \dfrac{U_0^2 \omega C Q^2}{U_0^2 Q \omega C} = Q$，$P_r = \dfrac{P_0}{Q}$，即使用谐振电路试验变压器的容量理论上可小 Q 倍。

（2）若在试验过程中，发生了闪络或试品击穿，则谐振条件立即消失，随之电压立即下降。

对 XLPE 电缆局部放电的检测通常是在工频下测量，但也可在衰减的振荡波电压下测量。经验表明，这种方法对于检测微小缺陷如绝缘屏蔽层中的气隙或突起非常有效。局部放电测量用于现场测量时，外部噪声干扰严重，测量很困难。虽然有困难，但已有测量结果也证明值得花时间和代价进行局部放电的测量。特别当怀疑有缺陷或破坏或要求保证电缆工作最大可靠性时，这是一种典型的方法。只要把噪声等级限制到局部放电水平以下，测量的局部放电可以提供很多有用的诊断信息。通过观察局部放电信号的幅度、相位以及升降压之间的变化关系，可知缺陷的形式和位置以及它们对电缆绝缘的影响。

近年来科研工作者通过对存在人为绝缘缺陷的 XLPE 电力电缆试品进行工频电压、振荡波电压和超低频电压平行比对试验，来研究这 3 种试验方法作为早期发现、判别 XLPE 电力电缆运行事故隐患的有效性和可行性。应用交流电压（U_{ac}）、直流电压（U_{dc}）、0.1Hz 电压（U_{vlf}）及阻尼振荡波电压（U_{OWV}）分别对运行 12 年存在大量水树枝的退役电缆试品进行局部放电试验以验证其等效性，得到等效系数 $K = U_x/U_{ac}$，结果见表 2−2。

从表 2−2 中可见，直流电压明显与交流电压不具有等效性。试验的 K 值分布较均匀，在 1.1~1.6 之间，表明其能全面发现电缆介质缺陷并与交流电压具有较好的等效性。另外，日本的 Katsumi Uchida 教授和荷兰的 Edward Gulski 教授也都分别验证了阻尼振荡波电压与工频电压的等效性，最后结果相近，即振荡波电压与交流电压的绝缘试验等效性较好，前者作用时间短，操作方便。应用振荡波电压检测电力电缆中的气隙缺陷及施工中留下的缺陷较为有效，在检测电缆中的电树枝时，电树枝起始电压与电缆击穿电压有一定差距。应用振荡波电压开展电力电缆竣工或维修后的交接试验是较理想的实验方法。

表 2-2　　　　　　　　　不同类型电压对不同缺陷等效系数

缺陷类型	U_{dc}	U_{ac}	U_{vlf}	U_{owv}
针尖	4.3	1	1.5	1.5
切痕	2.8	1	2.6	1.1
金属尖端	3.9	1	2.2	1.6
水树	2.6	1	1.2	1.4

2.4.2.2　振荡波电压下电缆局部放电检测技术

对电气设备进行正弦波耐压及局部放电量测量是衡量电气设备绝缘性能的基本检测方法，一般情况采用试验变压器直接加压，但当被试品等效电容量很大和它的试验电压很高时，则试验变压器的容量会很大，导致现场无法完成试验。采用振荡波对电气设备进行正弦波耐压及局部放电试验，可减小试验设备容量。

2.4.2.2.1　阻尼振荡波电压下电力电缆局部放电定位原理

目前电缆振荡波局部放电定位是基于传统行波法（TDR）的离线方法。针对电力电缆现场的局部放电定位，目前主要有到达时间分析法（ATA）、幅频映射法（AF）和传统的行波法。

长电缆作为分布参数来考虑，对其局部放电位置的确定应使用传统的行波法（脉冲反射法），如图 2-28 所示。测试一条长度为 l 的电缆，假设在距测试端处发生局部放电，脉冲沿电缆向两个相反方向传播，其中一个脉冲经过时间 t_1 到达测试端；另一个脉冲向测试对端传播，并在对端发生反射，之后再向测试端传播，经过时间 t_2 到达测试端。根据两个脉冲到达测试端的时间差，可计算局部放电发生位置，即

$$\begin{cases} t_1 = \dfrac{x}{v} \\[2mm] t_2 = \dfrac{(l-x)+l}{v} \\[2mm] x = l - \dfrac{1}{2}v(t_2 - t_1) = l - \dfrac{1}{2}v\Delta t \end{cases} \quad (2-14)$$

43

在振荡波电压下，每一个振荡周期根据测量局部放电时可测放电幅值及此放电脉冲经远端反射后的脉冲幅值，计算出放电距离测量端的位置，即可绘出局部放电幅值或局部放电密集程度与电缆长度的关系曲线。

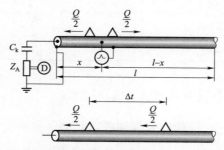

图 2-28　脉冲反射法原理示意图

上述行波法的局部放电准确性不高，若要提高局部放电定位的准确性和可靠性，就必然要借助高级的数学手段，即并配以时延相关法、自适应滤波、小波分析等。

2.4.2.2.2　直流激励振荡波局部放电测试

目前，用于检测的振荡波是采用直流激励的方式产生，以容性电气设备为例，其基本原理如图 2-29 和图 2-30 所示。主要包括直流充电电源 BT、限流电阻 R、电感 L、电感 L 的内阻 R_0、被测试电气设备的等效电容 C 和电子开关 S。电子开关 S 闭合前，直流充电电源 BT 通过限流电阻 R、电感 L 向等效电容 C 充电，当 C 充电到预定电压值时，电子开关 S 迅速闭合，由于电感 L 存在内阻 R_0，在 L、C 的串联回路产生一个逐渐衰减的振荡波 $f(t)$，该振荡波直接加在电气设备的等效电容 C 上，就可实现对被测试电气设备的正弦波耐压试验和局部放电量的测量。

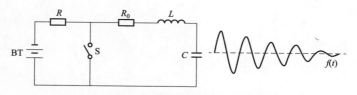

图 2-29　直流激励产生振荡波电路图

采用直流激励方式获得振荡波主要存在以下问题：第一振荡波 $f(t)$ 的最高峰值等于直流充电电源 BT 的电压值，当振荡波 $f(t)$ 的电压很高时，直流充电电源 BT 的电压也要相应很高。第二它的电子开关 S 承受的工作电压为直流充电电源 BT 的电压。基于上述存在的问题，采用直流激励的方式来获取振荡波，由于成本和技术的原因，目前只能做到 200kV 以下的振荡波产生装置，且造价较为昂贵。

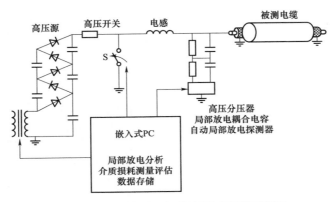

图 2-30　直流升压振荡波测试原理示意图

传统阻尼振荡波测试系统谐振电路的品质因数 Q 值较高的优点是使得能在一系列正弦衰减振荡电压下可以测量局部放电，衰减时间为 0.2～1s。目前传统的阻尼振荡波局部放电测试系统均将被试电缆充以直流电压，当达到 LC 回路的谐振频率和预设电压时，关闭高压快速开关，可有效规避电压源及高压回路的干扰。

直流升压阻尼振荡波测试系统（DC-OWTS）的高压快速开关承受的电压与被试电缆的电压相同，因此限制了测试系统应用的电压等级，对 110kV 甚至更高电压等级电力电缆局部放电检测困难。同时 DC-OWTS 系统利用直流电压给 XLPE 电缆充电，尽管时间较短也会增加 XLPE 电缆的不安全性因素。直流升压阻尼振荡波电压下的局部放电测试原理图如图 2-31 所示。

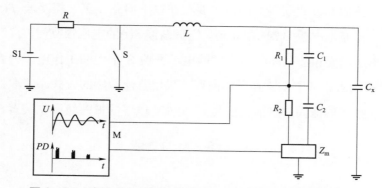

图2-31 直流升压阻尼振荡波电压下的局部放电测试原理图

S1—直流电源；R—限流电阻；S—开关；L—谐振电感；C_1—分压器高压臂；C_2—分压器低压臂；

Z_m—检测阻抗；C_x—被试电缆等效电容；M—数据处理与采集单元

2.4.2.2.3 交流激励振荡波局部放电测试

基于变频谐振的阻尼振荡波电缆局部放电检测系统在对电缆进行交流耐压后再行局部放电检测，可对电缆绝缘状态做出更全面的评估。因测试过程没有直流加压对电缆无损伤；由于不受开关器件耐压的限制，试验电压可以做得很高（1000kV），理论上讲，目前电力系统所有电压等级都适用。另外该检测系统不仅能测量局部放电，还能准确定位缺陷点的位置，为更准确判断电缆及其接头绝缘状况提供了参考依据。

变频谐振电源可以对很长距离的电缆进行加压，原理为串联谐振回路的电感保持不变，改变电源的频率，使之达到串联谐振回路的固有频率，从而使回路发生谐振。由于被试电缆在试验过程中始终承受交流电压，所以不存在直流极化效应等对电缆的不利影响。在考虑到放电机理不发生重大变化的条件下，CIGRE建议试验电压频率范围为30~300Hz，而IEC 62067《Power cables with extruded insulation and their accessories for rated voltages above 150kV（U_m=170kV）up to 500kV（U_m=550kV）– Test methods and requirements》则建议试验电压频率范围为20~300Hz。由于试品最大电容和最小电容之比等于试验频率之比的平方，即$\dfrac{C_{max}}{C_{min}}=\left(\dfrac{f_{max}}{f_{min}}\right)^2$，故变频谐振试验系统能够适应的电容范围很大，最大电容与最小电容之比可达100~225，即无论是几十米长或是十几千米长的电缆均可进行试验。

变频谐振试验系统的重量容量比小，便于运输，易于安装，操作简便，可靠性高，输出的电压波形较好，不仅可进行耐压试验，而且可配合局部放电测量对电缆系统的绝缘状态进行诊断，因此它将成为电缆现场试验的主流设备，特别是对于高压和超高压电缆。

交流激励振荡波局部放电测试电路基本原理如图2-32所示。当电子开关S开路时，由交流激励电源AC经隔离变压器T给由电感L和被测试电气设备的等效电容C构成的串联回路，提供一个电压较低的交流激励电压，当激励电源AC的输出频率与电感L和电容C的谐振频率相同时，电感L和电容C回路谐振，产生谐振高电压，调节激励电源AC的输出电压，使被测试电气设备的等效电容C上的谐振电压达到预定值，将电子开关S短路，由于电感L存在内阻R_0，在电容C上产生了阻尼振荡波$f(t)$。

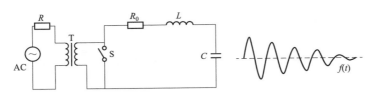

图2-32　交流激励产生振荡波电路图

通过调节激励电压的频率使LC回路达到谐振状态，提高激励电压使谐振电压达到被试品的预定值，再通过MCU迅速闭合电子开关S，变频电源的输出也将迅速短路，LC回路中将产生电压和电流振荡波，在试品上得到振幅按指数衰减的阻尼正弦振荡电压波，进而可用前几个衰减不大的振荡波进行振荡波耐压试验或局部放电试验。

对于LC串联谐振，加在试品上的振荡波电压高于激励电压Q倍，因此电子开关S两端电压只承受$1/Q$的耐压值，所以只承受激励电压的IGBT电子开关的耐压要求很低（最多2.5kV），器件容易获得。可以利用本振荡波发生装置进行正弦波耐压及局部放电量测量的电气设备包括电力电缆、气体绝缘组合电气GIS、电力变压器和发电机等；本振荡波发生装置可以产生1～5000kV的振荡波；它将在高电压设备的正弦波耐压及局部放电量测量有着非常广泛的应用。

基于交流升压的阻尼振荡波测试系统（AC-OWTS）是基于变频谐振的阻尼振荡波电压下 XLPE 电缆局部放电现场检测及定位系统的研究，其电路原理图如图 2-33 所示。AC-OWTS 系统理论上可提供的试验电压能达到 1000kV 甚至更高，由于被试电缆在试验过程中始终承受交流电压，所以不存在直流极化效应等对电缆的不利影响。

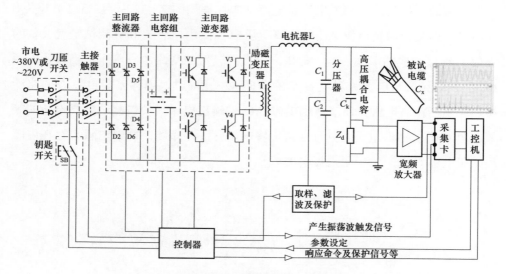

（a）基于交流升压的阻尼振荡波测试系统原理图

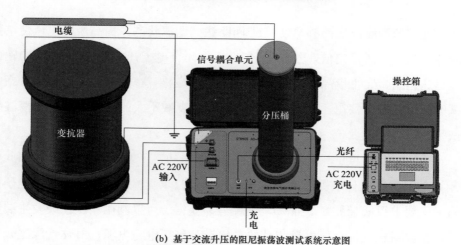

（b）基于交流升压的阻尼振荡波测试系统示意图

图 2-33　基于交流升压的阻尼振荡波测试系统

第3章

配电电缆介质损耗检测技术

　　早期生产的 XLPE 电缆因工艺落后大多防水性能不佳，同时在制造、铺设和运行过程中绝缘内部会不可避免地产生一些集中性微观缺陷，且微观缺陷的数量在电缆绝缘本体中机械应力和电场作用下会进一步增加。环境中通过各种渠道进入 XLPE 绝缘中的水分，在电场作用下聚集在缺陷处，使绝缘材料老化产生树枝状微观通道从而引发水树，水树是诱发 XLPE 电缆老化的主要原因之一。尽管水树老化不能视为电气故障，但其潜在的危险性和引起的绝缘裕度大幅降低是电缆线路安全可靠运行的严重威胁，其在过电压的作用下极易发展形成电树，短时间内导致电缆绝缘本体被击穿。

　　我国城市电网中早期生产铺设的 XLPE 电缆，大多防水性能相对较差，经过二十多年的运行后，绝缘体受水树老化程度相当严重。即使部分城市的电缆运行年限不长，但由于电缆在制造、安装过程中可能存在缺陷，许多基层供电单位的电缆沟积水严重，负荷较重，电缆共沟率高。这些导致运行电缆可能存在严重的安全隐患，尤其是在迎峰度夏时段，引起故障率增加，供电可靠性降低。

　　目前国内电力电缆水树老化问题日益突出，有必要对水树的老化机理及特性做深入分析研究，以便更好地应对水树危害，为电缆的整体绝缘状态检测评估技术的发展以及抗水树电缆的生产应用提供理论支持。

3.1 水树老化机理研究

水树的发展是一个极其缓慢的过程，它本身的危害性并不大。但是，当水树发展到一定程度或在过电压作用下，水树就会发展形成电树，导致电缆发生贯穿性的击穿故障。

电力电缆在水树老化后很容易发生击穿现象，切片染色后观察发现，这些样本内有明显的水树枝，水树呈典型的扇状结构，如图3-1（a）所示。扇形区域前端和周围出现了大量无定形的团状水树，这些水树团比较稀疏，并没有规则的形态。水树团已经发展到距内半导电层150μm的地方，从内半导电层引发了电树，电树长度为210μm，与水树最前端相互连接，如图3-1（b）所示。这体现了水树发展成电树的路径之一，即在正常工作电压下，水树持续发展到距内半导电层很近的地方进而引发电树。

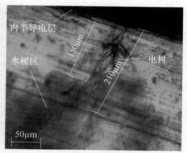

(a) 大面积水树团　　　　　(b) 水树发展成电树

图3-1 水树发展为电树的过程

离内半导电层较远的水树，在工况下很难发展成电树，只有在较高外施电压或过电压作用下才能发展成电树，这是水树转换成电树的另一种方式，也是工况下水树导致绝缘击穿的主要方式之一。在15kV下水树容易发展成电树，选取一部分老化样本，对缆芯施加15kV电压作用5h后切片染色观察，在水树尖端有明显的电树存在，这些电树从水树内部发展，呈细长的枝状，部分水树老化较严重的样本，电树已经发展到接近内半导电层。过压下水树发展成电树如图 3 - 2 所示。

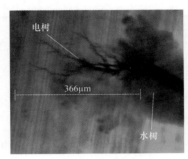
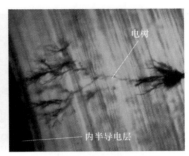

(a) 水树引发电树　　　　　　　　(b) 水树引发的电树进一步发展

图 3 - 2　过压下水树发展成电树

3.1.1　不同老化方式的电场分布

实验中设置 A 类和 B 类针孔加速电缆绝缘水树老化，为了研究这两种方式对老化效果的影响，建立模型分析计算两类针孔区域的电场分布。图 3 - 3 为电缆切面有限元仿真模型，其中缆芯直径 4mm，内外半导电层厚度为 1mm，绝缘厚度 4.5mm。针孔扎入绝缘长 3.0mm。模型中各部分参数见表 3 - 1。

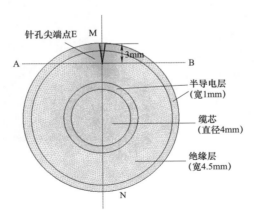

图 3 - 3　电缆切面有限元仿真模型

表 3-1　　　　　　　　　模 型 各 部 分 参 数

参数	XLPE	半导电层	缆芯	针孔内部
相对介电常数	2.3	100	1	80
电导率（S/m）	1×10^{-17}	2×10^{-3}	5.96×10^{-7}	5.86×10^{-4}

设置缆芯电位 7.5kV、400Hz，利用多物理场耦合软件 COMSOL Multiphysics 3.5a 进行计算。对模型划分网格，在每个节点处求解如下方程组：

$$-\nabla \cdot d[(\sigma + j\varepsilon_0\varepsilon_r)\nabla V - J^e] = dQ_j \qquad (3-1)$$

$$E = -\nabla V \qquad (3-2)$$

式中：σ 是电导率；ε_0 是真空中的介电常数；ε_r 是相对介电常数；J 为电流密度；Q_j 为电荷量。

图 3-4 为两类针孔电场分布图，针孔尖端是电场集中区，这些场强集中区就是水树生长的起点，在加速水树老化实验中水树主要是沿着针孔尖端区域生长。在 B 类针孔尖端有两个场强集中区，因此在加速水树老化实验中一般在 B 类针孔尖端长有 2～3 个水树。可以推断，如果在针孔周围有局部突出，也会成为场强集中区域和水树的起点，这与实验中观察到针孔周边也长出水树是相符的。

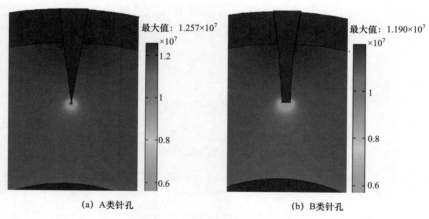

(a) A类针孔　　　　　　　　　(b) B类针孔

图 3-4　两类针孔的电场分布图

图 3-5 为 A 类和 B 类针孔尖端沿着 AB 方向的电场分布图。A 类针孔尖端电场接近 17kV/mm，B 类针孔尖端的电场接近 14kV/mm。对比老化实验说明，

A 类针孔尖端的高电场更有利于水树的生长。

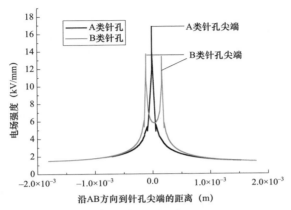

图 3-5　A 类和 B 类针孔尖端沿着 AB 方向的电场分布

3.1.2　水树产生机理

3.1.2.1　疲劳断裂机理

XLPE 的分子链间有一些微孔称为自由体积，在老化初期水分沿着针孔向绝缘扩散进入无定形区。盐水中的极性分子可近似看作一个电偶极子，在电场作用下被极化拉长形成椭球体，沿电场方向对 XLPE 绝缘进行挤压进入周围的自由体积区。在水针电极老化初期，这些水分在电场作用下会积累起来形成较大的水珠，水珠尺寸在几十纳米到几微米不等，其中，由于针尖区域电场畸变严重，在针孔尖端水珠数量明显更多、体积明显更大，这些水珠在电场作用下也沿着电场方向被极化拉长为椭球体，如图 3-6（a）所示。

为了研究在水树生成初期聚集在针孔尖端区域的水珠对水树生长作用的影响，在针孔尖端构建了一个半径为 50μm 的充水区，在该圆形区域内有 30 个长轴为 5μm、短轴为 1μm 的微孔作为水珠模型，如图 3-6（b）所示。设定圆形区域相对介电常数 2.3，电导率 1×10^{-17} S/m，椭球水珠的相对介电常数为 80、电导率为 5.86×10^{-4} S/m、缆芯电位 7.5kV。

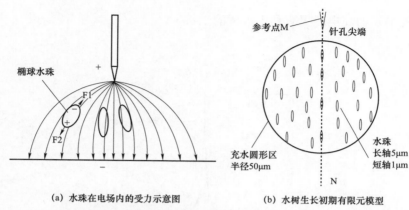

(a) 水珠在电场内的受力示意图   (b) 水树生长初期有限元模型

图 3-6　绝缘内水珠在电场内的受力示意图和水树生长初期模型

图 3-7（a）为水珠聚集区的电场分布图，水珠的出现会引起针孔尖端区域的电场发生畸变，针孔尖端电场强度由没有水珠时的不足 18kV/mm 上升到 55kV/mm，增加了 2 倍。椭球充水微孔两端也是电场畸变的区域，其中靠近针孔周围的水珠电场达到了 20kV/mm。在交变电场作用下，这些椭球微孔会对交联聚乙烯分子造成持续不断的电-机械应力（麦克斯韦应力）作用。

$$F = (\varepsilon_0 / 2)\nabla(\varepsilon_r - 1)E^2 \qquad (3-3)$$

式中：ε_0 为真空的介电常数；ε_r 为电介质相对介电常数；E 为电场强度。该电场力的方向始终由相对介电常数高的物质指向相对介电常数低的物质，也就是在交变电场作用下，这些椭球微孔始终能产生应力作用在周围的绝缘上。

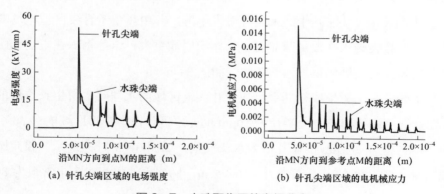

(a) 针孔尖端区域的电场强度   (b) 针孔尖端区域的电机械应力

图 3-7　水珠聚集区的电场分布

图3-7（b）为针孔尖端区域的应力分布图，针孔尖端和椭球充水微孔区域是应力集中区，其中针孔尖端和周围微孔应力最集中。但是，针孔尖端应力最强为0.016MPa，椭球水珠尖端最大为0.04MPa，远低于XLPE的屈服强度（抗永久性形变的最大能力，$Y=8$MPa），也就是说在一个周期内的应力作用是无法使得绝缘断裂，产生新的微孔和通道。

通常高分子的破坏可以分为快速断裂、蠕变断裂（静态疲劳）、疲劳断裂（动态疲劳）和磨损断裂等。其中，快速断裂是在高应力下直接超过了材料的屈服强度使材料快速断裂；疲劳断裂则是在持续低应力的作用下发生的一种累计损伤，属于高周期的疲劳断裂。在电场的作用下，针孔尖端和椭球水珠对XLPE绝缘产生电机械应力使得周围绝缘产生形变，同时，材料的弹性恢复具有滞后现象，弹性恢复滞后于应力的变化情况。由于频率高，机械应力对绝缘的作用具有很强的持续性使得形变累计。当形变累积到一定量，在薄弱区逐渐出现分子链滑移和断裂，应力作用点向前移到下一批分子链。随着作用周期的增加，受力点处的大量分子链断裂累积导致了晶体的损伤，进而发展成细小的微孔，随着微孔数量增多并扩大导致疲劳区开始出现裂纹，如图3-8所示。

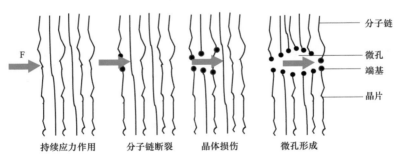

图3-8 疲劳断裂过程

在疲劳过程中并非每次应力作用都能导致分子链断裂和微孔的形成。应力比较大的区域（如针孔尖端），在较短的疲劳次数内就能导致分子链断裂和微孔的形成，因此，裂纹生长较快，裂纹的产生近似属于连续性的；应力相对较小的区域（如椭球微孔两端），需要在较大的疲劳次数下才能产生新的微孔，裂纹生长比较缓慢，裂纹的产生属于不连续性的。裂纹生长与疲劳次数的关系如图 3-9 所示。因此,加大外施应力和增加作用频率能够加快疲劳过程,使微孔和裂纹的产生速度加快,随着大量裂纹的生长扩展,一方面,使得椭球水珠变大;另一方面,裂纹发展成细微通道将椭球水珠相互连接,进而出现水树枝形态。

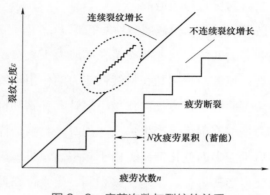

图 3-9　疲劳次数与裂纹的关系

3.1.2.2　水树生长的简化数学模型

水树枝的产生是一个疲劳断裂的过程,在较低应力作用下疲劳断裂是不连续的,需要 N 次疲劳的累加才能产生新的断裂。那么,可以把每一次疲劳看作是一次能量的积累,当经过 N 次能量积累后,应力作用点处的电机械能量超过了该处材料的屈服极限能量,就会引起材料的断裂,裂纹生长。因此,在电场作用下椭球水珠引发的 XLPE 疲劳断裂过程可以等效为水珠在多周期下的蓄能过程,一旦蓄能超过 XLPE 的屈服强度绝缘就断裂。

在图 3-6(b)的模型中,在电场作用下一个周期内体积为 v_0 的椭球水珠施加给材料的电场能量为

$$0.5v_0\varepsilon_0\nabla(\varepsilon_r-1)E^2 \tag{3-4}$$

那么在 N 个周期内,在体积为 V 的圆形区域内,如果 n 个充水空穴内总的电场能量大于材料的弹性能量(屈服强度 Y 乘以体积 V),也就是水珠的扩张压力大于弹性极限时就会使绝缘逐渐发生疲劳折断产生新的微孔和裂纹,水分进入并逐渐连通后形成水树。于是可得到水树形成和生长条件

$$0.5Nv_0\varepsilon_0\nabla(\varepsilon_r-1)E^2 \geqslant YV \qquad (3-5)$$

也就是说每经过 N 个周期的蓄能后，就会发生一次疲劳断裂，新的裂纹和微孔就会产生。并且，随着椭球水珠的体积和数量的增加，每次蓄能的周期就会降低，新的裂纹和微孔产生的速度就会更快，水树枝形成和发展就更容易。因此，在外施电压不变的情况下，加大电源频率能够降低蓄能周期，加快绝缘疲劳断裂过程、加速水树生长。这和相关文献中水树生长速度与频率成正比以及直流下水树不易生长的说法相吻合。另外，根据高分子材料力学中温度与断裂强度的关系可知，温度升高会导致链段活性增强，分子链间更容易滑脱，屈服强度降低。那么在同样的老化条件下温度升高弹性能量降低，疲劳断裂就更容易，因此，在 60℃ 下的水树老化明显强于在常温下的老化效果。

XLPE 的屈服强度为 $Y=8\text{MPa}$，在图 $3-6$ 模型中，半径为 $5\mu\text{m}$ 的圆形区域内最大能够承受的应力强度为 $2\pi\times10^{-2}\text{Pa}$。通过对圆形区域内 30 个椭球水珠进行应力积分，得到一个周期内水珠产生的应力为 $7.96\times10^{-8}\text{Pa}$，由式（$3-5$）可以得到在 400Hz 电压下，经过 7.893×10^5 个周期，也就是经过 1973s 后椭球水珠作用在圆形区域的电机械应力超过了其应力承受极限，该区域开始发生一次疲劳断裂。在发生疲劳断裂以后，每经过 1973s 的蓄能圆形区域内就发生一次疲劳断裂。如果针孔电极换为 B 类进行仿真计算，30 个椭球水珠在一个周期的应力为 $1.481\times10^{-9}\text{Pa}$，也就是要每经过 3676s 的蓄能后才能发生疲劳断裂，远低于 A 类针孔的情况，因此，在老化起始阶段 B 类针孔椭球水珠发展成水树枝的速度低于 A 类针孔的情况，水树形成发展效果没有 A 类好。

随着疲劳断裂的发展，椭球水珠逐渐变大为充水微孔，同时在微孔之间形成大量裂痕。水分在电场力的作用下被挤压进入裂痕，使其形成细微的充水通道将孤立的微孔相互连接形成一个整体。通道中的水分在交变电场作用下会对 XLPE 产生挤压力，产生横向作用力 F_1 和纵向作用力 F_2，通过疲劳折断使通道扩宽变长。在通道局部分子键断裂及氧化较为严重的区域，将逐渐扩大形成水树空洞，如图 $3-10$ 所示。通道和微孔在电机械应力的作用下继续使 XLPE 疲劳断裂，随着微孔和通道的继续发展和产生，逐渐出现"珍珠串"的水树枝结构，水树枝结构变得逐渐清晰，水树开始形成和发展。

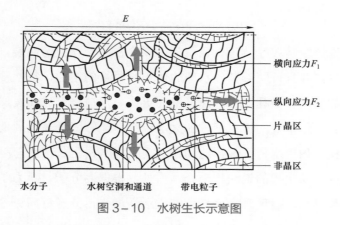

图 3－10　水树生长示意图

3.1.3　水树的发展

3.1.3.1　水树有限元仿真模型

通常可以用一个椭球体或半椭球体模拟水树主体，本节中观察到的水树主要是扇形结构，在针孔尖端的水树长得相对密集一些，在水树边沿区域有分支结构。故本节中利用椭球体作为水树主体，并在水树尖端设置了水树枝组成扇形结构。其中，椭球主体长轴为 180μm，短轴为 160μm。每一个水树枝都设置了一系列大小相同的椭球充水微孔，微孔长轴为 5μm、短轴 2μm，通过长 10μm、宽为 2μm 的水树通道连接成树枝状，每根水树枝的长度为 600μm。整个水树区域长为 960μm、宽为 1100μm，如图 3－11 所示。该模型将水树主体细化为由大

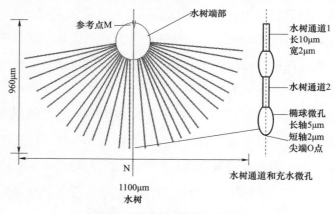

图 3－11　有限元仿真模型

量微孔和通道组成，其更符合水树的结构特征，不但能分析水树尖端的电场分布，还能计算水树内部微孔和水树通道的电场强度。

已知水树相对介电常数 ε_1（$2.7\leqslant\varepsilon_1\leqslant16$）、电导率 γ_1（$1\times10^{-11}\sim1\times10^{-7}$S/m）、XLPE 的相对介电常数 ε_2（2.3）、电导率 γ_2（$1\times10^{-18}\sim1\times10^{-16}$S/m）。各部分参数见表 3－2。

表3－2 模型各部分参数

参数	XLPE	水树通道	水树主体	水树椭球微孔
相对介电常数	2.3	80	16	80
电导率（S/m）	1×10^{-17}	5.86×10^{-4}	7	5.86×10^{-4}

3.1.3.2 水树的发展仿真

水树产生之后会引起电场分布和绝缘介电性能的变化。图 3－12 为水树区域电场分布情况，电场集中区主要是水树尖端区域。其中，针孔尖端电场低于 4kV/mm，远低于水树生长初期的情况，而水树尖端的电场接近 35kV/mm，并且水树枝越长电场就越大，垂直于缆芯方向的水树枝尖端电场最强，其两侧水树枝尖端的电场强度呈递减的趋势。扇形最两端的水树枝尖端电场低于 20kV/mm，说明水树沿缆芯方向的生长速率高于其他方向的生长速率，这和水树样本中观察到的大多数水树都是细长扇形的结构相符。

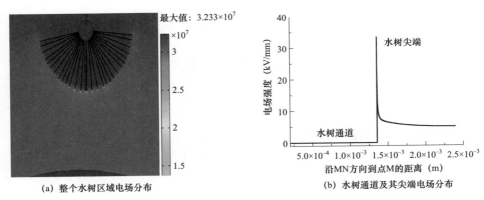

(a) 整个水树区域电场分布　　(b) 水树通道及其尖端电场分布

图3－12 水树区域的电场分布

59

求解模型中整个扇形区域和椭圆的面积，得到该区域能够承受的应力强度为 6.78Pa。通过对整个水树主体和所有水树通道进行电场能量积分，在一个周期内水树作用在扇形区域的应力为 3.236×10^{-5}Pa，根据式（3-5）得到在 400Hz 老化电压下，经过 2.095×10^5 个周期，也就是经过 523.8s 后水树作用在扇形区域上的电机械应力超过了其应力承受极限，该区域开始发生一次疲劳断裂，水树生长。相对于水树开始形成阶段，水树区能量积累的时间更短，随着水树枝数量和长度的增加，每个周期内水树区积累的能量更大，发生疲劳断裂的速度就越快，同时，随着水树区域面积的增大，应力作用点增多，发生疲劳断裂的区域更多，进一步促进水树的生长。水树变长，导致水树尖端区域的电场集中区增多、电场畸变加强，反过来又促进水树的生长。

随着水树枝生长到一定长度，就会引起绝缘性能的明显变化，如绝缘电阻下降、介质损耗和直流泄漏电流增加等。根据介质损耗正切的并联模型，介质损耗与电导率的关系为

$$\tan \delta = \frac{1}{2\pi f C_p R_p} = \frac{\gamma_p}{2\pi f C_p} \tag{3-6}$$

式中：γ_p 为介质的电导率；f 为测试电压频率；C_p 为样本电容。介质损耗随电导率的增加而变大，由于水树区域的电导率远大于周围绝缘中的电导率，并且水树老化越严重、水树区域越大，电导率就越高，介质损耗也就越大，这和老化实验得到的结果是一致的。

3.2　配电电缆介质损耗检测技术介绍

3.2.1　电力电缆整体绝缘状态评估方法

在交流或直流电场中，电介质都要消耗电能，通称电介质损耗。电介质的损耗分为电导损耗、游离损耗和极化损耗。电导损耗，在电场作用下有电导电流流过，该电流使电介质发热产生的损耗；游离损耗，电介质中局部电场集中

处，当电场确定高于某一值时，就产生游离放电，又称局部放电；极化损耗，即松弛极化产生损耗，一般是所谓极化损耗，是指在一定的电压作用下所产生的各种形式的损耗，上述 3 种损耗统称为介质损耗。介质损耗因数 $\tan\delta$ 的测量，习惯上简称介损试验。因为损耗的绝对功率或能量很小，一般不用瓦特或焦耳等单位表示，而用电介质中流过的电流的有功分量和无功分量的比值来表示，即 $\tan\delta$ 这是一个无因次的量，它只与绝缘材料的性质有关，而与它的结构、形状、几何尺寸等无关，这样更便于比较判断。介质在交流电压作用下的情况如图 3 – 13 所示。

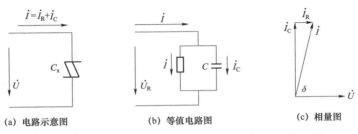

(a) 电路示意图　　　　(b) 等值电路图　　　　(c) 相量图

图 3 – 13　绝缘介质在交流电压作用下的电路图和相量图

从图 3 – 13 可以看出，通过测量 $\tan\delta$ 值可反映出绝缘介质损耗的大小。目前在电力系统中介质损耗是判断电力设备绝缘状态的一种有效手段，通过测量介质损耗能够很好地反映电气设备的绝缘受潮，油绝缘的劣化变质，绝缘中存在气隙放电等缺陷。

所有的电力电缆都有一定的设计寿命，电缆运行过程中经受热、电气、机械等恶劣运行环境的种种考验，所有以上的外部影响都将使电缆的工作温度上升。由于电缆的温度主要是由负载电流决定的，当电缆绝缘层的介质损耗升高时，也会对电缆的工作温度产生影响。交联电缆的绝缘在过高的工作温度会加速绝缘层的化学反应，导致绝缘特性的降低；绝缘特性降低又进一步导致介质损耗增加和持续劣化。电缆非常重要的老化现象就是电缆绝缘受潮，是由于热老化过程或化学反应过程，潮气进入到电缆的绝缘层里。这些潮气含有的成分将会降低绝缘电阻，导致介质损耗增加。对交联聚乙烯电力电缆测量介质损耗，其核心是为了检测水树枝是否存在，如图 3 – 14 所示。

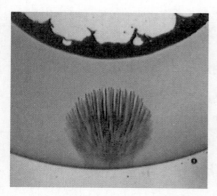

图 3-14　电力电缆中的水树枝

一般而言，水分浸入电缆后主要影响电缆的导体和绝缘。导体正常运行时处于一种热稳定状态，导体温度基本维持在 60℃ 以上，如果有水分浸入就会导致导体氧化，增加导体单线间接触电阻从而增大电缆缆芯电阻，进而导致电缆线损增加。就绝缘而言，虽然聚乙烯是极难溶于水的非极性疏水物质，但又是一种由结晶相和无定形相组成的半结晶高聚物。结晶相结构紧凑，晶界缺陷弱，无定形相中的分子排列疏松，分子间存在较大间隙。在结晶相与无定形相界面还会产生微孔聚集。水分子是极性分子，在交变电场的作用下，水分子偶极不断来回翻转，扩散力及电场力的共同作用使水分子通过无定形相的空隙和晶相的晶界缺陷处渗透到绝缘材料中。XLPE 分子结构中存在同样的问题，同时 XLPE 中有较多的交联副产物充当杂质，因而 XLPE 在交变电场下有较大的吸水率，交联聚乙烯和聚乙烯绝缘吸水后，在电场的作用下形成水树枝，绝缘晶相与无定形相界面成为水树枝优先发展的通道。水树枝的产生将会造成绝缘介质损耗增加，同时降低绝缘电阻及绝缘击穿电压，加快老化速度，缩短电缆使用寿命。

水树枝是电缆最重要的老化现象，水树枝在电场作用下或经过长时间氧化、转化，最终不仅会在水树枝尖端生成电树枝，自身有也可能转变为电树枝。众所周知，电树枝腔体存在不断扩张的局部放电，会导致电缆绝缘在短期内被击穿，严重影响电缆的使用可靠性。为了避免电缆发生绝缘击穿故障，测量电力电缆介质损耗及局部放电对及时发现电缆绝缘内部是否存在影响绝缘的缺陷有着重要意义。

测量电缆的介质损耗，就是提供测量电缆绝缘层材料的电压与电流偏差，经过计算得到介质损耗。介质损耗数值越大，表明被测电缆老化状态和整体水树枝发展越严重。由于电缆是容性分布式元件，电缆绝缘层老化状态的定量测试与电缆容性充电过程、测试电压有密切相关。要测量准确的介质损耗需要在纯正弦波电压前提下，准确测量阻性电流和容性电流。电缆介质损耗既可以在工频 50Hz 下测量，也可以在超低频电压下测量。电力电缆的电容量都比较大，在一定电压下采用较低频率测量能大大降低测试仪器的质量、体积和成本，有利于现场测试工作。

3.2.2　电力电缆整体绝缘状态评估依据

1995 年法国凡尔赛国际电线电缆学会 JICABLE 年会上，相关专家介绍了电缆介质损耗与老化程度的关系。在国际领域第一次发现了超低频 0.1Hz 下电缆介质损耗值随测量电压的变化与被测电缆的绝缘层老化状态有着密切联系，越健康、老化程度越轻的电缆设备，其介质损耗随测量电压升高几乎不发生变化；越老化的电缆设备，其介质损耗随测量电压升高而快速增加，如图 3-15 所示。

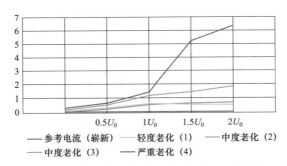

图 3-15　电缆介质损耗与测量电压的曲线可定量反映老化程度

采用超低频检测评估电缆整体绝缘状态主要涉及以下参数。

（1）介质损耗平均测量值：介质损耗平均测量值是指在 $1.0U_0$ 测试电压下，介质损耗的平均值。

（2）介质损耗变化率：在 $0.5U_0$、$1.0U_0$、$1.5U_0$ 测量电压下测量介质损耗值随测量电压升高的变化情况。体现电力电缆介质损耗值是随测量电压的变化与被测电缆的绝缘层老化状态有着密切联系，在一定范围内绝缘性能越好、老化程度越轻其测量的介质损耗随测量电压升高几乎不发生变化；越老化的电缆设备，其介质损耗随测量电压升高而快速增加。

（3）介质损耗暂态稳定值：介质损耗稳定性是一个在 $1.0U_0$ 测试电压下介

质损耗随时间测量值的标准偏差，其定义如下：

$$STDEV = \sqrt{\frac{\sum(TD - \overline{TD})^2}{(n-1)}}$$

式中：TD 表示电缆介质损耗；$\overline{TD}$ 表示介质损耗的平均值。

在运行电压下介质损耗随时间的变化会随着电缆绝缘层老化程度的加深而增大。电力电缆绝缘老化评价依据见表 3-3。

表 3-3 　　　　　　　　　　　　电力电缆绝缘老化评价依据

$1.0U_0$ 下介损值标准偏差	关系	$1.5U_0$ 与 $0.5U_0$ 超低频介损平均值的差值	关系	$1.0U_0$ 下介损平均值	评价结论
$<0.1 \times 10^{-3}$	与	$<5 \times 10^{-3}$	与	$<4 \times 10^{-3}$	正常
$0.1 \times 10^{-3} \sim 0.5 \times 10^{-3}$	或	$5 \times 10^{-3} \sim 80 \times 10^{-3}$	或	$4 \times 10^{-3} \sim 50 \times 10^{-3}$	注意
$>0.5 \times 10^{-3}$	或	$>80 \times 10^{-3}$	或	$>50 \times 10^{-3}$	异常

3.2.3　电力电缆绝缘整体状态检测及诊断测试技术

电力电缆介质损耗测量试验采样装置，如图 3-16 所示。数据采集单元、光电转换单元和无线数据发送单元安装在一个屏蔽单元内，无线数据接收单元通过无线信道连接到无线数据发送单元。数据采集单元用于试验电压、阻性电流和容性电流的采样，由数据采集端通过耦合电容 C_k 连接到数据采集卡的输入端；检测电抗 Z_m 和分压电容 C_1、C_2 串联后两端分别连接到数据采集端和接地端；检测电抗 Z_d 和电阻 R 并联后两端分别连接到数据采集卡的输入端和接地端。数据采集卡采用高速多通道数据采集卡，同步采集减少通道间的采集差，提高数据的真实有效性，数据采集单元传输至光电转换单元。光电转换单元，通过对数据传输格式的转换以提高数据传输的速度和降低数据在传输过程中受外界干扰的程度；无线数据发送单元和无线数据接收单元，通过无线的方式将电力电缆的介质损耗测量数据传输至分析后台，改变了传统的数据测量传输方式，实现了直接从高压端获取试验数据的可能，有利于提高介质损耗测量数据的准确性。

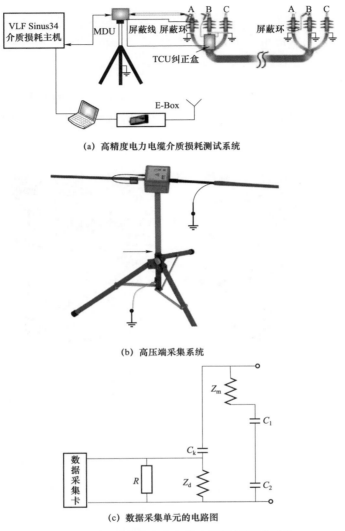

(a) 高精度电力电缆介质损耗测试系统

(b) 高压端采集系统

(c) 数据采集单元的电路图

图 3-16　高精度电力电缆介质损耗测试系统

　　将数据采集单元、光电转换单元与无线传输单元并列安装在一个屏蔽单元内的方式有效地减弱了系统加压部分的电磁干扰对测量的影响。同时，在系统中设计补偿单元，以避免泄漏电流对测试信号的干扰，从而提高系统检测精度。实际使用时，数据采集单元的采集端连接到经试验电源加压的电缆，对试验电压、阻性电流和容性电流进行采样；无线数据接收单元将接收到的数据传输到后台的数据分析单元以进行介质损耗分析。

将被测电力电缆平放于实验场地内，近端与远端三相悬空，互相保持足够的安全距离，使用绝缘电阻表对电力电缆 A、B、C 三相进行绝缘电阻测量，测量电压为 2500V；测试结束后对电力电缆要进行充分放电、接地以保证人身安全；将被试电力电缆近端和超低频正弦波交流耐压试验系统相连，并确认仪器工作接地及保护接地可靠；设置测试电压后进行测试工作。现场试验接线图如图 3-17 所示。

图 3-17　现场试验接线图

第4章

配电电缆宽频阻抗谱技术

配电电缆局部放电和耐压检测可以通过定位方法实现放电缺陷精确定位，介质损耗测试可以检测电缆整体绝缘老化情况，但无法对引起介质损耗超标的缺陷进行精确定位。其主要原因是当电缆局部存在受潮等隐患且尚未形成永久故障时，该处阻抗与电缆特征阻抗的不匹配度往往无法使脉冲信号在此形成较为明显的反射波，而脉冲信号在电缆中传播本身存在较为严重的衰减。因此，常规电缆检测技术尚无法有效识别电缆的局部缺陷。

基于电缆宽频阻抗谱的电缆局部缺陷诊断方法可以解决上述问题。该方法利用低压变频正弦信号源测量电缆首端输入阻抗随频率变化的曲线，以获取电缆运行状态信息，主要包括线性共振分析技术（LIRA）和快速傅里叶反变换（IFFT）方法。这两类方法在电缆局部缺陷定位研究中均取得良好效果。

4.1 宽频阻抗谱技术原理

配电电缆敷设环境恶劣，经常在积水的电缆沟道或潮湿的土壤中运行，如若电缆外护套破损或中间接头防水性能下降，潮气极易入侵至电缆，危害电缆绝缘性能。配电电缆附件基于交联聚乙烯与硅橡胶形成过盈配合，形成界面正交电场结构。在运行环境下，潮气会在水压、电场和热应力等作用下在电缆附件和缆芯扩散，导致附件受潮，进而导致绝缘下降和击穿。目前国内外对界面受潮路径，各种因素对潮气入侵的作用机理，接头受潮发展、绝缘劣化至击穿的全寿命周期的演变规律，缺乏系统性研究。此外，相关的受潮抑制和防水增强技术研究缺乏，也缺乏相关的长期老化实验理论验证，导致问题较为严重。

针对电缆附件受潮问题，尽管超低频介质损耗能有效诊断线路整体受潮情况，但无法实现受潮点的定位。时域反射法通过观测时域反射脉冲来定位电缆的缺陷情况，其时域反射波形蕴含缺陷处的阻抗特征信息（如高阻、低阻和缺陷长度等），但是由于时域反射法注入脉冲高频成分较少及高频信号在电缆中衰减较大的特点，该方法难以识别微弱缺陷。而频域反射法中入射信号采用扫频信号，高频成分含量较多，因此能够探测电缆中更微弱的受潮缺陷，但该方法反射波形的波形只能定位电缆缺陷的位置，无法分析缺陷点的阻抗特征信息（如接头、高阻、低阻和受潮等）。故结合时域-频域联合定位分析不仅具有较高的灵敏度，也能对受潮缺陷进行识别，是电缆受潮缺陷定位技术发展的必然趋势，具有广阔的应用前景。

国际上，挪威一商业公司 2015 年报道了一种基于频域反射技术的线性共振分析（LIRA）的产品用于电缆老化诊断，但其具体算法尚处于保密阶段，从已有的检测结果来看，该技术诊断中存在众多易导致误判的信息，并不能可靠定位局部缺陷点，且方法不能直接评估局部缺陷的严重程度和类型。因此，利用该方法进行电缆附件受潮缺陷的诊断依然存在一定局限性。

在国内，基于频域反射技术的电缆缺陷定位技术并未出现相应产品，现处于研发阶段，华中科技大学提出了一种基于频域反射技术的宽频阻抗谱（BIS）方法用于定位电缆的缺陷，但该方法需要被测电缆敷设时的原始参数才能取得较好效果，难以运用于实际工程。

国网四川省电力公司电力科学研究院研究人员提出了一种基于频域反射技术的反射系数谱电力电缆局部缺陷定位方法，首次采用频域滑动加窗方法，提高定位的精度；并基于该方法开发了现场检测装置，该装置在北京、成都、重庆和广州等地开展了实地测试，并取得了较好的效果，验证了该方法对电力电缆局部缺陷的定位效果。

　　电缆宽频阻抗谱技术从频域角度对电缆可能存在的缺陷部位进行定位。该方法通过加压的方式向电缆注入预设频段的扫频信号，以获得电缆的阻抗系数谱，随后采用傅里叶变换或 LIRA 算法等相关算法对获取的信号进行时频域转换，并采用 Kaiser 窗函数、距离窗函数等算法对转换后的数据进行优化，实现受潮部位缺陷的精确定位。

4.2　配电电缆宽频阻抗谱检测技术

　　配电电缆长期运行在潮湿的环境中，水分会在电场、热场的作用下入侵至电缆主绝缘，造成电缆绝缘劣化，甚至引发故障。而现阶段针对电缆受潮的检测技术仅能实现对电缆整体绝缘状态的诊断，无法定位电缆受潮缺陷、确定受潮区域范围。频域反射测试技术，通过在电缆首端注入扫频信号，采用逐一频点测试的方法进行数据采集，其频域反射测试系统硬件原理示意图如图 4-1 所示。

　　图 4-1 中功分器将调频信号源（端口 1）的功率二等分，其中一部分作为参考信号进入数据采集装置（端口 3），另一部分作为入射信号进入电缆（端口 2）；耦合器的作用是将入射信号进行隔离（端口 4 的信号只能进入端口 5），并将反射信号耦合到数据采集装置中（从端口 5 耦合到端口 6）。通过功分器和耦合器就能实现对电缆首端的反射系数进行测试。并将该装置在实验室的高压电力电缆缺陷平台进行测试，在测试过程中对其进行校准，使其指标满足项目要求。

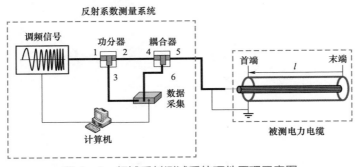

图 4-1　频域反射测试系统硬件原理示意图

电缆附件是一个固-固界面绝缘结构，由交联聚乙烯和硅橡胶组成，其绝缘性能是由多种介质组成的复合绝缘体的界面决定。中间接头作为一种典型的电缆附件，是电缆与电缆之间不可或缺的连接机构。对于热缩型中间接头国内已累计了较丰富的经验，其结构也较为固定，以交联聚乙烯电缆热缩式中间接头为例，其结构如图4-2所示。

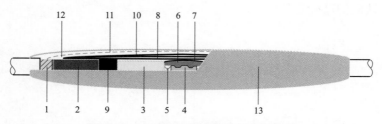

图4-2　交联聚乙烯电缆热缩中间接头

1—铜带屏蔽；2—半导电屏蔽；3—电缆绝缘；4—连接管；5—导体；6—导电材料填充；7—导电屏蔽管；8—热缩绝缘管；9—应力管；10—外导电屏蔽管；11—铜屏蔽网；12—防水填充材料；13—外护套管

中间接头制作工艺较为繁琐，其结构也较为复杂，主要包括压接管、半导电带、绝缘自黏带、应力管、绝缘管、防水密封带、外护套等。因其结构复杂性造成了中间接头成为电缆绝缘的薄弱点，也是故障频繁发生的附件。中间接头中由于不同材料的贴合会形成复合界面，复合界面的绝缘强度受到多因素影响，如界面的粗糙度、压力、界面间的杂质等。如图4-3所示，中间接头复合界面处由于不同粗糙度造成界面不能完全贴合，存在较多的空穴，若被水分或金属杂质填充则会造成界面绝缘严重下降，使得中间接头成为电缆绝缘的薄弱点。

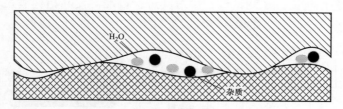

图4-3　中间接头复合界面微观模型

如果电缆附件安装过程中防水措施做得不到位或接头在常年运行后硅橡胶抱紧力下降，水分易在介电泳效应下沿着复合界面向中间接头内部迁移。再加之电缆接头的温度随电力系统运行负荷及外部环境影响而发生呼吸效应，将潮气吸入中间接头内部，使中间接头内部复合界面易受到水汽的危害，致使其绝缘性能劣化，影响电缆长期稳定运行的可靠性。

根据传输线理论，当电缆线路长度远大于电磁波波长时，需要将电缆用分布参数模型进行表示，其模型如图 4-4 所示。图中：R、L、G、C 分别为电缆单位长度的电阻、电感、电导和电容，对应不同材料及结构的高压电缆，其单位长度的电阻、电感、电导和电容是不同的，需要开展配电电缆附件等效模型研究。根据不同影响因素作用，分析电缆附件参数变化，为电缆潮气入侵的速率和扩散过程分析奠定基础。

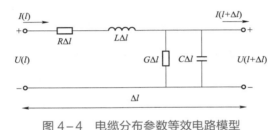

图 4-4　电缆分布参数等效电路模型

（1）电缆附件受潮缺陷定位策略制定。在电缆的波传递过程中，对于长度为 d 的电缆而言，首端测得的反射系数 Γ 表示为

$$\Gamma = \frac{Z_L - Z_0}{Z_L + Z_0} e^{-2\gamma(\omega)d} \tag{4-1}$$

式中：Z_L 为负载阻抗；$\gamma(\omega)$、Z_0 分别为电缆传播常数和特性阻抗，可表示为

$$\begin{cases} \gamma(\omega) = \sqrt{(R + j\omega L)(G + j\omega C)} \\ Z(\omega) = \sqrt{\dfrac{R + j\omega L}{G + j\omega C}} \end{cases} \tag{4-2}$$

$\gamma(\omega)$ 还可表示为

$$\begin{cases} \gamma(\omega) = \alpha(\omega) + j\beta(\omega) \\ \beta(\omega) = \dfrac{\omega}{v} = \dfrac{2\pi f}{v} \end{cases} \tag{4-3}$$

式中：$\alpha(\omega)$ 为衰减常数；$\beta(\omega)$ 为相位常数；v 为电缆中电磁波波速，在高频下几乎为一定值。

电缆末端开路时（$Z_L = \infty$），Γ 可表示为

$$\Gamma = e^{-2\gamma(\omega)d} = e^{-2\alpha(\omega)d}e^{-j2\beta(\omega)d} \qquad (4-4)$$

将 Γ 利用欧拉公式进行展开得到

$$\Gamma = e^{-2\alpha(\omega)d}\{\cos[2\beta(\omega)d] - \sin[2\beta(\omega)d]\} \qquad (4-5)$$

进而得到 Γ 的实部为

$$\text{real}(\Gamma) = e^{-2\alpha(\omega)d}\cos\left(2\frac{2\pi f}{v}d\right) \qquad (4-6)$$

从 Γ 的实部可以看出，当以频率 f 为自变量时，完好电缆的反射系数实部会出现 $2d/v$ 的频率等效分量，当电缆在距首端 x 处出现阻抗不连续的缺陷时，电缆的反射系数实部会出现 $2x/v$ 的频率等效分量，因此可通过对反射系数的实部进行傅里叶分析来对电缆中阻抗不连续位置进行定位。

（2）时域脉冲转换算法。局部缺陷的特征会表现在反射波的时域脉冲波形中，因此可通过分析局部缺陷的反射信号时域特征对局部缺陷进行深度分析。

设定一个输入时域信号 $s(t)$，将 $s(t)$ 与反射系数的时域冲激响应相卷积就可以得到局部缺陷的时域脉冲 $y(t)$

$$y(t) = \text{IFT}\{\text{FT}[s(t)]\Gamma\} \qquad (4-7)$$

其中反射系数

$$\Gamma = \frac{U_r(f)}{U_i(f)} \qquad (4-8)$$

从而确定时-频联合分析的配电电缆附件受潮缺陷定位策略如图 4-5 所示。

图 4-5 配电电缆附件受潮缺陷定位策略流程图

第 5 章

配电电缆修复技术

随着全球电力行业的迅速发展、城市的扩张、土地资源的紧缺，XLPE 电力电缆在全球输配电网中得到越来越多的应用。同时，在运电缆逐渐进入老化期，以中国为例，投运的中压 XLPE 电力电缆已达 57 万 km，运行年限在 20 年以上的占 6%，运行年限在 15 年以上的占 15%，大批电缆出现水树老化。

水树老化是造成 XLPE 电力电缆绝缘老化失效的主要原因，严重影响电缆安全运行。XLPE 电力电缆在水树形成后，主绝缘性能改变，电场分布发生畸变，局部高场强使得电缆绝缘性能快速下降，最终导致击穿。目前水树老化修复技术已成为应对电缆水树老化的主要手段之一。水树老化修复技术可以有效解决水树老化问题，提高电缆绝缘性能，修复水树区域，抑制水树发展，提高电缆使用寿命和整体安全水平，避免水树老化引发的电力故障，提高供电可靠性。

5.1 配电网电缆修复机理

根据水树的生长机理，水树的形成有三个要素：水分、电场和缺陷。因此，水树修复技术的主要原理是去除电缆绝缘水树通道和空洞内部的水分；均匀水树区域电场，抑制空间电荷残留；填充水树通道、空洞和材料内部其余微孔，防止水分进一步进入电缆，从而大幅提升电缆绝缘性能与使用寿命。

采用高气压将修复液注入缆芯，修复液通过无定形区和自由体积扩散进入交联聚乙烯绝缘层，与水树枝内的水分进行水解缩合反应，从而消耗水分并填充水树缺陷，恢复电缆绝缘性能。修复示意图如图 5-1 所示。

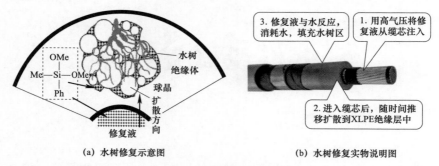

(a) 水树修复示意图　　　　　　(b) 水树修复实物说明图

图 5-1　修复示意图

美国在 20 世纪 80 年代发明了一种电缆水树的绝缘修复技术，通过从电缆缆芯压力注入一种有机硅修复液，通过修复液渗透进入水树区产生化学反应，去除水分并填充水树空洞，修复后水树颜色变浅，而且击穿电压明显提高。

修复液的反应分为两个步骤，硅烷的水解和后续产物的缩合。硅烷水解反应如式（5-1）所示，硅烷中的甲氧基极易水解，生成硅烷醇和甲醇，当在极潮湿环境下时，将发生如式（5-2）所示的进一步水解反应。水解反应生成硅烷醇后，硅烷醇在催化剂的作用下发生二聚反应，如式（5-3）所示。之后，在催化剂的作用下，一个二聚体和一个单体可以聚合成为三聚体，两个二聚体可以聚合成为四聚体，依次类推。

$$PhMeSi(OMe)_2 + H_2O \longrightarrow PhMeSi(OH)(OMe) + MeOH \qquad (5-1)$$

$$PhMeSi(OH)(OMe) + H_2O \longrightarrow PhMeSi(OH)_2 + MeOH \qquad (5-2)$$

$$2PhMeSi(OH)(OMe) \xrightarrow{\text{催化剂}} PhMe(OMe)Si\!-\!O\!-\!SiPhMe(OMe) + H_2O$$
$$(5-3)$$

式中：Ph 代表苯基；Me 代表甲基。

值得注意的是，硅烷的水解可以在没有催化剂的作用下自发进行，而后续产物的聚合反应若没有催化剂的作用难以发生，通常由于 XLPE 基体空间和催化剂含量的限制，聚合反应并不能无限地发生。

修复前后效果和绝缘性能如图 5-2 所示，修复后水树颜色变浅，而且击穿电压明显提高。

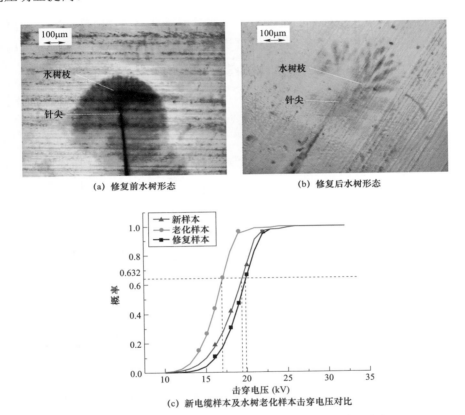

(a) 修复前水树形态 (b) 修复后水树形态

(c) 新电缆样本及水树老化样本击穿电压对比

图 5-2　水树老化 XLPE 电缆修复前后水树枝微观结构

对配电电缆进行水树老化修复具有很高的经济效益。采用 XLPE 电力电缆老化修复技术修复 1km 配电电缆成本可以控制在 5 万元以内,电缆截面积越大,经济价值越明显。修复后电缆使用寿命可以延长 10～15 年,修复技术的应用可以降低电缆线路的全寿命周期成本。对配电电缆水树老化修复进行标准化规范具有很高的社会效益。更换电缆需要投入大量的人力、物力和财力,不符合建设绿色环保型社会的要求。采用 XLPE 电力电缆老化修复技术,在降低投资成本的同时可以显著缩短用户停电时间, 避免城市路面开挖、减少城市电缆施工带来的交通堵塞、影响城市美观等负面社会效益。

目前 XLPE 电力电缆水树老化修复技术适用于 XLPE 电力电缆本体，对于含中间接头的电缆线路，修复时需解开电缆接头。

采用适用于老化电缆现场绝缘修复的修复液注入方法，将注入装置与铜鼻子头采用连接装置相连，避免对电缆接头造成损伤。根据现场实际情况可以选用一端压力注入或一端压力注入一端抽真空的修复方法，如图 5-3 所示。

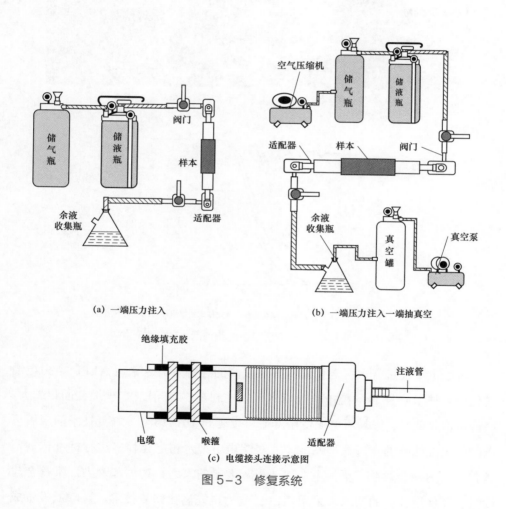

(a) 一端压力注入 (b) 一端压力注入一端抽真空

(c) 电缆接头连接示意图

图 5-3 修复系统

5.2　电缆绝缘修复技术现状

美国 Dow Corning 公司在 20 世纪 80 年代，提出了一种基于硅氧烷的电缆绝缘修复技术（011 技术和 841 技术），但是，该技术也有一些不足之处。为了解决 841 技术的诸多不足，美国 Novinium 公司在前期的修复液研究基础上发展了第二代修复技术：在 2006 年提出了 732 技术，2008 年提出了 733 技术。732 和 733 技术主要在早期修复技术核心思想的基础上，针对以往修复液组分扩散速率不匹配的问题，改进了修复液主成分和相应催化剂，同时添加了更多的有机成分。更加注重电缆的中长期修复，反应时间也缩短了很多，具有了更大的实用性。

与第一代修复技术相比，第二代修复技术反应速率更快，安全系数更高，并且电缆修复的长期性效果得到了大幅提升，寿命延长时间是 841 和 011 技术的 2 倍。此外，732 与 733 技术的有机添加成分更多地考虑了应力控制、电场均匀、紫外吸收和局部放电抑制等问题。但迄今为止，该配方仅限于商业运行，修复性能的研究并没有实验数据报道。

针对 841 和 742 修复技术所存在的问题与不足，国内研制了快速、稳定的新型修复液，并利用短电缆老化样本进行反复修复对比实验确定了修复液的最佳成分配比。在硅氧烷、无水异丙醇、催化剂金属钛等基本的修复液成分外，增加了新的添加物，加强了修复液与水反应中的缩合过程，从而使生成物具有更高的分子结构和稳定性，不易从绝缘中扩散出来。加入了偶联剂，加强了生成物和有机界面间的粘连性，从而使生成物更不容易流失。开发的修复液能和水反应生成有机高分子聚合物，同时还能生成无机纳米金属氧化物，根据修复液中加入的金属醇盐成分的不同，生成的无机纳米金属氧化物颗粒也不同。该有机－无机复合物可以填补水树空洞，不仅修复水树缺陷，延长电缆使用寿命，还可提高修复后电缆的耐击穿水平。研究结果证实这些无机颗粒同绝缘按一定比例混合具有均匀电场、屏蔽电子和紫外光、耐电晕等作用，能够有效改善绝缘性能，提升绝缘耐击穿水平。新型修复液的研制成功，为老化电缆的绝缘修复引入了新的修复机理，提供了修复并提高电缆绝缘击穿水平的新方法。

5.3 老化电缆现场修复技术

电缆修复技术的现场应用多见于国外使用。美国的电缆修复液注入技术已有将近 30 年左右的使用经验，如图 5-4 所示。现场修复实例证明，应用现场修复技术能成功的对长达 5km 的电缆进行修复，并且美国还成功的对水下 2km 长的电缆进行了修复。从 1984 年到 2007 年，修复的电缆总长度达到 2.4 万 km，节约了大约 10 亿美元，这项技术为美国各电力公司带来了可观的经济和社会效益，根据后续追踪其运行数据显示，此项技术最高能有效延长电缆寿命达 20 年以上。随着现阶段电缆的大规模使用以及电缆水树老化问题日益突出，研究利用修复液对水树老化电缆进行修复，从而延长其使用寿命将是一项很有意义的工作。

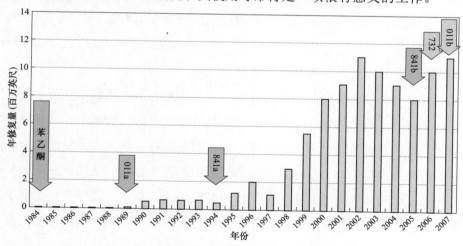

图 5-4 国外电缆修复技术商业应用的发展

5.3.1 修复液的改进

鉴于在有机绝缘材料中添加无机纳米颗粒能够有效改善有机绝缘的介电性

能，尤其可抑制空间电荷和减缓水树、电树的生长，国网四川省电力公司电力科学研究院联合四川大学提出了一种基于纳米复合填充的修复思想。在早期电缆绝缘修复技术的基础上，利用溶胶－凝胶法在水树通道内部生成无机纳米颗粒，利用硅烷偶联剂的偶联作用连接有机绝缘基体和无机纳米颗粒，形成有机－无机纳米复合填充结构，从而提升水树老化电缆的绝缘性能，基本原理如图 5－5 所示。

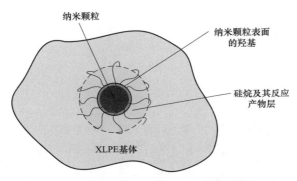

图 5－5　纳米颗粒与 XLPE 绝缘基体的偶联模型

　　该修复液可快速渗透进入老化电缆水树缺陷内，与水反应生成有机高分子聚合物和无机纳米金属氧化物，填充水树缺陷，恢复老化电缆绝缘性能，延长电缆使用寿命。修复后，电缆击穿强度可提高 35% 以上，显著提高其耐局部放电能力。

5.3.2　现场运行电缆修复系统的研制

　　针对现场电缆长度较长、停电时间较短的问题，国网四川省电力公司电力科学研究院研制了如图 5－3 所示的压力式注入修复系统。系统整体由空气压缩机、储液瓶、阀门、适配器、余液收集瓶与真空泵组成。空气压缩机用以将压缩后的空气作为驱动修复液流动的动力装置，气压最高可达 0.8MPa，真空泵用以在电缆另一端抽真空以加快修复液的流动，真空度可达 0.9。储液瓶内部储存修复液，外力气压注入时，修复液将在气压作用下流出，流动速率与空气压缩机施加气压大小有关。

当系统用于现场修复时，需遵循以下步骤：

（1）处理电缆接头，剥除热缩管，露出缆芯以便修复液的注入；

（2）将适配器与电缆接头相互连接并固定；

（3）将空气压缩机、储液瓶、阀门、收集瓶、真空泵等使用导管连成一个整体，并检验整体装置的气密性；

（4）将空气压缩机设置合适的气压开始工作，并用电子秤记录修复液的质量变化以评估修复进度；

（5）修复完成后，逐步拆除修复装置，并收集余液，使用酒精纸擦拭电缆接头表面并恢复电缆接头。

现场修复流程如图 5-6 所示。

待修复电缆　　　解开铜鼻子　　　安装金属套筒　　　热缩管密封　　　现场试验

图 5-6　现场修复流程

5.3.3　适配器改进

为了将修复液注入至电缆绝缘中，需要使用修复适配器将电缆与压力式注入修复系统相互连接成一个整体，并能够通过压力将液体注入至电缆缆芯，同时能够保持压力作用以促使修复液在电缆绝缘中充分渗透。适配器需满足以下要求：

（1）气密性好，由于修复液注入采用压力注入方式，适配器需要保持长时间下密封、不漏气、不漏液；

（2）安装简便，由于现场电缆停电时间有限，需在规定时间内完成整个修复工作及后续测试，要求适配器与电缆的相互连接须简便易于操作；

（3）安全性高，电缆修复过程需要持续数个小时，同时要做到对电缆接头的无损和在长时间高气压下的安全。

修复液如何注入缆芯、连接处，如何安装和密封决定了修复液能否快速稳定地注入，也决定了整个修复时间的长短。修复液注入系统一般由注入系统和抽出系统组成，一端通过高气压注入，另一端用真空泵抽出气体，装置比较多，安装操作复杂，耗时长，并不适合现场应用。修复液的注入都是利用高气压沿电缆缆芯注通，再渗透进入绝缘，关键在于注入装置与电缆的连接端如何处理。图 5-7 为国外电缆修复液的注入方法，修复装置通过一个特制的适配器与电缆头相连，通过相关的报道，这种适配器密封进行修复液的注入，最高可以在 0.5MPa 气压下进行修复，能够对陆地上 5km 长和水下 2km 长电缆进行修复，密封效果好。但这种注入方法也有明显不足之处，适配器设计安装复杂，需要对电缆头做一定的处理，现场注入需要大量时间。另外，在安装适配器过程中需要将电缆头部外护套和铜鼻子头等去除，修复完成之后电缆头的恢复又造成了一定的停电时间。因此，这种注入方法并不可靠。

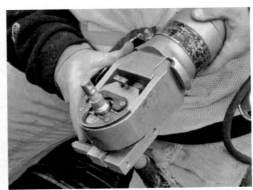

(a) 注入示意图　　　　　　　　　　　(b) 专用适配器

图 5-7　国外电缆注入方法和专用适配器

图 5-8 为国网天津市电力公司电力科学研究院朱晓辉等人报道的修复液注入方法、适配器连接示意图和现场修复图，相对于国外的适配器及其安装方法，该适配器结构更为简单，并没有对电缆头造成任何损伤，但通过采用类似的方法进行密封和修复液的注入时发现，修复液易泄漏且只能在相对较低的气压下稳定注入修复液。

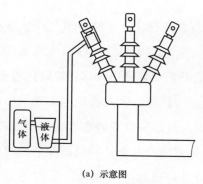

(a) 示意图   (b) 现场修复图

图 5-8 国内天津电科院适配器的使用

优化的适配器通过内孔螺纹与绝缘连接密封，能够保证修复液在较低压力下对电缆进行修复，但该适配器内孔直径需要同电缆直径严格吻合，并且修复时需要将电缆铜鼻子头去除，还需要在绝缘上加工一段螺纹，使用不方便，并且还会对电缆头和绝缘造成附加损坏，电缆头的恢复也会带来很大工作量，仅适合于对实验室老化电缆修复研究，现场应用适应性低。

国网四川省电力公司电力科学研究院联合四川大学所研制的第一代修复装置采用全金属式适配器如图 5-9 所示，该适配器采用全金属结构，不易变形，能较好满足安全可靠和高气压运行的要求，前期在对实验室短电缆的修复实验中表现优异，同时也存在不足：

（1）适配器安装及其拆卸过程复杂，现场操作中，需在适配器外涂抹热熔胶包覆热缩管以保证气密性，在完成修复后由于热熔胶的黏附，拆卸过程较费力；

（2）气密性不高，因采用热熔胶密封适配器和电缆接头之间缝隙的方式，高气压下热熔胶易被吹开，气密性达不到要求；

（3）全金属式适配器对电缆的截面要求严格，电缆铜鼻子过大的情况下，全金属式适配器难以与电缆接头相互连接，不便于电缆修复技术的推广。

图 5-9 第一代适配器

第二代修复装置采用金属适配器与橡胶管结合的形式，如图 5-10 所示，具有以下优点：

（1）制作及其安装方便，采用了钢丝箍与宝塔头结合的方式，制作简易，与电缆接头的连接采用绝缘胶带填充、喉箍固定以保证气密性的方式，安装省时；

（2）由于采用橡胶软管与电缆相连接，橡胶软管可变形，与不同截面的电缆的匹配度高，同时造价更低；

（3）橡胶软管包覆金属网，能增强适配器的气密性与防止塑料软管过度膨胀。

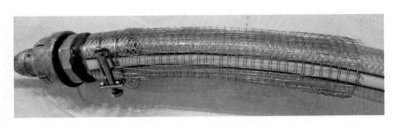

图 5-10　第二代适配器

5.3.4　电缆修复时间确定

现场修复工作的时长主要由修复液贯通整根电缆绝缘的时间决定，修复液主要是在外界压力的驱使下在电缆缆芯的间隙中流动，其流动规律可以用泊肃叶定律式（5-4）描述。

$$\frac{dV}{dt} = \frac{\pi R^4 |\Delta P|}{8\eta L} \tag{5-4}$$

式中：dV/dt 为液体的体积流速；η 为液体的动力黏度；ΔP 为驱动液体流动的气压；L 为电缆的长度；R 为电缆缆芯间隙的水力半径。由于电缆的几何形状、长度和缆芯间隙等固有参数在电缆制造过程中已被确定，因此修复液在缆芯间隙里的流动仅仅受到电缆两端注入压力与液体动力黏度的影响。

以 150mm^2 截面积铜芯 XLPE 电缆为例，当电缆两端注入压力差 ΔP 达到 0.4MPa 时，修复液注入时间与电缆长度的关系如图 5-11 所示，绘图采用对数坐标。500m 电缆的理想修复时间约 6h。

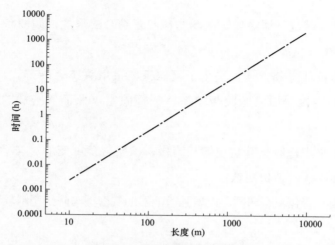

图 5−11 修复液注入时间随电缆长度变化关系

由于电缆运行中可能存在的缆芯蚀损，电缆敷设所致的局部弯曲、外部挤压以及修复液在电缆流动过程中的化学反应致使其动力黏度逐渐增大等因素，导致实际的修复液注入时间高于模型计算值。因上述因素的存在，当电缆超过2km时，修复液的注入在工程和实际应用中，目前都存在着较大的难度。

为了进一步验证上述模型的正确性，对实验室一根长为 200m 的YJLV223×150 型 8.7/15 kV 电缆进行液体注入实验，注入介质选择为水，当末端抽气时，设置其真空度为 0.75～0.8。该电缆在不同气压条件下的注通时间见表 5−1。

表 5−1   实验室电缆注通时间确定

首端注入气压 （MPa）	末端是否抽气	注入介质	注通时间 （min）	注入液体质量 （kg）	平均注入速率 （kg/min）
0.375	否	水	58	2.4	0.041
0.3	是	水	75	2.5	0.033
0.3	否	水	125	2.7	0.0216
0.2	是	水	110	2.9	0.026
0.2	否	水	185	2.4	0.013

电缆注水质量随时间变化图如图 5−12 所示，设该 200m 电缆完全注通时所需的水的质量为 2.4kg，可以看出，其固定长度下电缆所需注入时间与泊肃叶模

型预估计算时间一致。

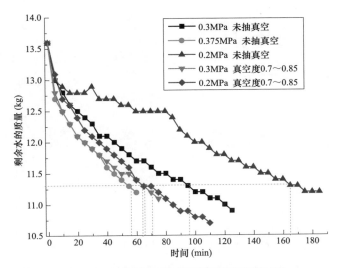

图 5-12　不同气压条件下的注通时间对比

第6章

配电电缆检测技术发展趋势

近年来，随着国民经济的发展和城市化进程的推进，电力电缆以其优异的电机械性能迅速取代架空线在城市电网中的应用，已成为城市电能输送的血管。海上风电、光伏发电、智能园区等分布式新能源的发展对海底电缆、柔性直流电缆、铝合金电缆及聚丙烯电缆等新型电缆的应用及相应的检测手段也提出新的需求。

1. 涡流探伤技术

涡流探伤技术是利用感应涡流的电磁效应，对外加交变磁场在电缆附件铅封中感应产生的涡流信号幅度、相位角等特征量进行分析，进而评价铅封连接可靠性、完整性的一项无损检测技术，可有效识别铅封开裂、脱铅等典型缺陷。检测时无需去除铅封绕包带材，快速便捷；铅封开裂、脱铅等典型缺陷下的涡流探伤图谱特征明显，易于判断，可有效避免缺陷引发的电缆故障。但该技术对有防水盒、防爆壳的接头铅封缺陷无法检测，缺陷检测灵敏度需进一步提升。现场涡流探伤检测如图 6-1 所示。

2. 基于谐波分量的配电电缆带电检测技术

电缆异常、劣化及老化时，电缆中的磁通量波形会变乱，另外，电缆内的铜线部分发生局部过热，也会体现在电流的高次谐波上，如图 6-2（a）所示。基于谐波分量的配电电缆带电检测技术是分别从电缆两端采集电流中的高次谐波如图6-2（b）所示，用傅里叶变换后进行数字化处理，再通过专家系统进行分析，对电缆本体和附件的劣化程度进行评估诊断，以推算电缆劣化发展状态的过程。检测结果以量化百分比为劣化值分析电缆各部分的老化程度，数值越高老化程度越严重。

图6-1　现场涡流探伤检测

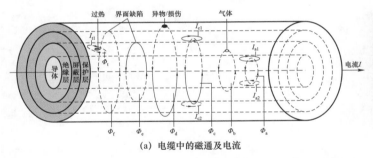

（a）电缆中的磁通及电流　　　　　　　　　（b）现场测试

图6-2　基于谐波分量的配电电缆带电检测

3. 电缆数字孪生技术

基于机器人、VR设备、AI设备、辅助设备和传感器等多种监测手段，汇聚电缆、电缆通道等数据资源构建电网数字孪生体，以人工智能为核心，利用深度学习、知识图谱等能力，结合5G、大数据、边缘计算等技术进行智能诊断、预测性维护，实现配电电缆网全对象的精益管理、精益检测和精益管控，加强配电电缆网全状态量感知力与协作力，增强安全生产保障能力，提高运检精益化管理水平。

    数字孪生在电缆上的应用对依托高速网络回传的数据进行动态持续、准确、高效的分析与预测，极大提升电缆线路运维的信息化运维水平，缓解了电缆运维人员的运维压力，提高了对电缆线路运行情况的收集和掌握效率及应急抢修等突发情况的处置速度，保障了电缆线路的安全稳定地运行。电网数字孪生效果图如图 6-3 所示。

    随着电缆网的数字化深化建设，运维人员可能会对人工智能产生依赖，当人工智能判断错误时，忽略了人的决策优先权。同时，电缆网的数字孪生建设本身就需要铺设大量传感器，而为了确保关键节点的传感器稳定运行，又得铺设监测这些传感器运行状态的二次监测传感器，造成监测装置的铺设和运维成本骤增。

图 6-3　电网数字孪生效果图

第 7 章

配电电缆故障案例分析

7.1 振荡波局部放电检测

当配电电缆线路中存在微小缺陷时，这些微小缺陷可能会在运行过程中产生局部放电，并逐渐发展扩大成局部缺陷或整体缺陷。为尽早发现这些缺陷，需要采用振荡波或超低频局部放电试验的方法进行排查。

当电缆外施电压达到一定值时，电缆缺陷处电场畸变程度会超过临界放电场强，激发局部放电现象，局部放电信号以脉冲电流的形式向两边同时传播。通过在测试端并联一个耦合器收集这些电流信号，可实现局部放电缺陷的检测。

局部放电试验可采用振荡波、超低频正弦波、超低频余弦方波三种电压激励形式。采用振荡波时最高试验电压为 $1.7U_0$（U_0 指电缆设计用的导体对地或金属屏蔽之间的额定工频电压），采用超低频正弦波时最高试验电压为 $2.5U_0$，采用超低频余弦方波时最高试验电压为 $2.0U_0$。

检测对象及环境的温度宜在 $-10 \sim +40℃$ 范围内，空气相对湿度不宜大于 90%，不应在有雷、雨、雾、雪环境下作业。试验端子要保持清洁，避免电焊、气体放电灯等强电磁信号干扰。被测电缆本体及附件应绝缘良好，存在故障的电缆不能进行测试。被测电缆的两端应与电网的其他设备断开连接，避雷器、电压互感器等附件需要拆除，被测电缆终端处需留有足够的安全距离。超低频局部放电检测可结合超低频耐压试验同步开展。局部放电检测试验前后，各相主绝缘电阻值应无明显变化。

振荡波局部放电试验电压应满足以下要求：

（1）波形连续 8 个周期内的电压峰值衰减不应大于 50%；

（2）频率应介于 20～500Hz；

（3）波形为连续两个半波峰值呈指数规律衰减的近似正弦波；

（4）在整个试验过程中，试验电压的测量值应保持在规定电压值的±3% 以内。

超低频局部放电试验电压应满足以下：

（1）波形为超低频正弦波或超低频余弦方波；

（2）频率应为 0.1Hz；

（3）在整个试验过程中，试验电压的测量值应保持在规定电压值的±5%，正负电压峰值偏差不超过 2%。

振荡波、超低频局部放电试验所用到的设备主要为振荡波局部放电测试仪和超低频局部放电测试仪，如图 7－1 所示。

(a) 振荡波局部放电测试系统   (b) 超低频局部放电测试系统

图 7－1 配电电缆局部放电测试仪

7.1.1 标准化作业

振荡波局部放电检测标准化作业见表 7－1。

表 7-1　　　　　　　　　　　振荡波局部放电检测标准化作业

序号	作业名称	质量标准
1	总则	(1) 试验电缆对侧应有人看守； (2) 试验过程中应正确使用辅助绝缘工器具（包括绝缘手套、绝缘垫等）； (3) 试验过程中应正确采取验电、放电措施； (4) 试验过程中应正确执行呼唱制度： 1) 准备试验前应呼唱，并确认试验相及试验内容； 2) 加压前应呼唱； 3) 试验结束、关闭电源、接地放电应呼唱； 4) 换相换线进行试验应呼唱
2	设备工具准备及自检	(1) 工器具、安全用具及仪器设备等准备齐全； (2) 核对工器具的使用电压等级和试验周期； (3) 检查各类工器具外观、状态良好； (4) 检查各类仪表设备、工器具、安全用具在有效期内； (5) 各类设备、仪表、工器具、安全用具摆放整齐
3	现场操作前的准备	(1) 收集电缆的技术资料和相关参数； (2) 经工作负责人许可后，方可开始工作； (3) 试验负责人核对电缆线路名称； (4) 在测试点操作区装设安全围栏，悬挂标示牌，检测前封闭安全围栏； (5) 执行现场工作任务和安全技术交底，叙述准确、流利； (6) 人员状态良好，方可进行现场工作
4	试验准备工作	(1) 正确做好停电、验电、放电和接地工作； (2) 确认电力电缆两端的金属屏蔽和铠装层应接地良好； (3) 检查电缆与其他电气设备的电气连接是否断开，检查测试端场地是否平整； (4) 确认测试端和对端应设围栏并有专人看护； (5) 与对端看守人员保持通信畅通
5	测量电缆主绝缘电阻	(1) 利用绝缘电阻表测量一相电缆绝缘电阻，对试品放电并接地； (2) 其余两相测试重复以上步骤
6	测量电缆长度及接头位置	(1) 正确使用 TDR 测距仪； (2) 判断电缆的长度和接头位置； (3) 执行放电
7	局部放电试验设备接线	(1) 正确连接设备接线； (2) 正确启动设备； (3) 正确输入电缆基本信息
	局部放电校准	(1) 校准前，正确设置校准仪； (2) 正确连接测试线，确保接线正确无误； (3) 由高到低逐一标定量程根据电缆的长度调整校准器增益； (4) 校准完成后取下校准器
	局部放电检测	(1) 检查接线并打开高压控制开关； (2) 进行环境背景局部放电水平测量，$0U_0$ 加压 1 次； (3) 测试 $0.5U_0$ 电压等级局部放电情况，测试 1 次； (4) 测试 $1.0U_0$ 电压等级局部放电情况，测试 3 次； (5) 测试 $1.1U_0$ 电压等级的局部放电情况，测试 1 次； (6) 测试 $1.3U_0$ 电压等级的局部放电情况，测试 3 次； (7) 测试 $1.5U_0$ 电压等级的局部放电情况，测试 3 次； (8) 测试 $1.7U_0$ 电压等级的局部放电情况，测试 5 次； (9) 测试 $0U_0$ 电压等级，测试 1 次； (10) 根据实际测量数据调整局部放电量程，局部放电图谱清晰

续表

序号	作业名称	质量标准
7	测试结束放电	（1）试验完毕，关闭急停开关； （2）执行放电
8	电缆主绝缘电阻复测	（1）利用绝缘电阻表测量一相电缆绝缘电阻，对试品放电并接地； （2）其余两相测试重复以上步骤
9	局部放电试验报告内容	（1）正确填写绝缘电阻数据； （2）正确填写接头位置、波速度、电缆长度； （3）正确分析试验数据，截取局部放电图； （4）局部放电结论清晰准确
10	向工作负责人汇报测试结果	试验人员向工作负责人汇报振荡波局放分析过程及超低频介质损耗判断依据，总结测试结果
11	施工人员清点工器具，并清理施工现场	检查被试设备上无遗留工器具和试验用导地线，回收设备材料，拆除安全围栏，人员撤离

7.1.2 案例分析

国网四川省电力公司电力科学研究院于 2014 年 3 月 14 日至 5 月 19 日对四川甘孜藏族自治州的 35kV 某电缆线路开展了现场试验评估。该线路主要为汤古乡伍须村村民、伍须海风景区和沿途通信基站供电，全线穿越原始森林长度 16.472km，由 4 段架空线路和 3 段电力电缆混合组成，电缆线路长度共计约 5km，采用直埋方式铺设，每段有中间接头 5～12 个，电缆型号为 YJV22−26/35kV−3×70。

1. 绝缘电阻

采用 5000V 绝缘电阻表，测量 A、B、C 段电缆，3 段电缆的主绝缘电阻均在 10GΩ 以上，说明上述 3 段电缆的绝缘电阻满足规程要求。

2. 局部放电测试

（1）采用振荡波局部放电检测装置，在进行 A 段电缆振荡波局部放电试验前进行了方波校准及背景噪声测试，方波校准分别使用方波源 100、200、500、1000pC 四个挡位进行。试验电压由 $0.5U_0$（13kV）开始，最高升为 $1.4U_0$（36.4kV），试验数据如图 7−2～图 7−4 和表 7−2、表 7−3 所示。

表 7-2　　　　　　　　　　　　　A 段局部放电量与试验电压　　　　　　　　　　　pC

相别	电压					
	$0.5U_0$	$0.7U_0$	U_0	$1.1U_0$	$1.2U_0$	$1.4U_0$
A	0	116	180	300	360	420
B	0	148	280	300	310	340
C	0	160	220	250	340	440

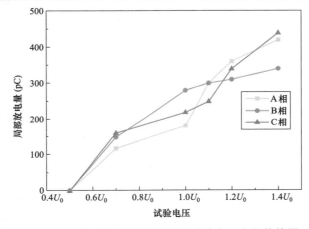

图 7-2　A 段电缆局部放电量随试验电压变化趋势图

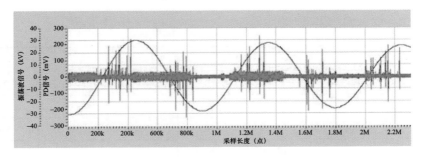

图 7-3　A 段电缆局部放电谱图

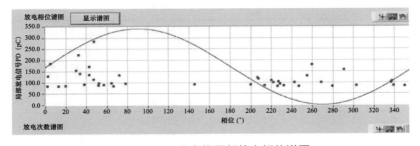

图 7-4　A 段电缆局部放电相位谱图

表 7-3   A 段局部放电次数与试验电压

相别	电压		
	$0.7U_0$	U_0	$1.4U_0$
A	1	3	10
B	1	4	9
C	3	16	30

根据上述试验数据，A 段电缆的局部放电起始电压小于 20.2kV（35kV 电缆运行电压），且局部放电量均随着电压增大而增加，局部放电次数增加，在 $1.4U_0$ 时 A、C 两相的局部放电量均大于 300pC，初步判断中间接头有局部放电，同时存在不一致性，说明电缆本体也存在局部放电，试验结果说明电缆存在缺陷。如继续升高电压该段电缆可能在试验中被击穿，经运维单位现场确认，试验电压最高升至 $1.4U_0$。

（2）在进行 B 段电缆振荡波局部放电检测前，先进行方波校准及背景噪声测试，方波校准分别使用方波源 100、200、500、1000pC 四个挡位进行。试验数据如图 7-4～图 7-7 和表 7-4、表 7-5 所示。

表 7-4   B 段电缆局部放电量与试验电压   pC

相别	电压					
	$0.5U_0$	$0.7U_0$	U_0	$1.1U_0$	$1.2U_0$	$1.4U_0$
A	0	24	108	120	138	300
B	0	36	250	360	510	650
C	0	22	60	150	200	250

表 7-5   B 段局部放电次数与试验电压

相别	电压		
	$0.7U_0$	U_0	$1.4U_0$
A	3	11	31
B	5	30	134
C	2	11	42

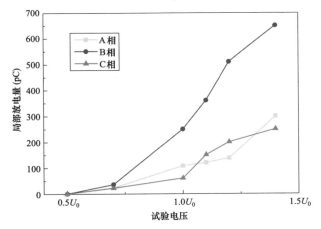

图 7-5　B 段电缆局部放电量随试验电压变化趋势图

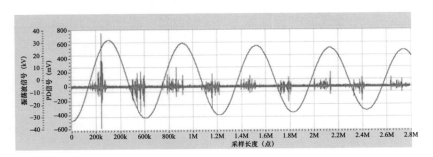

图 7-6　B 段电缆局部放电谱图

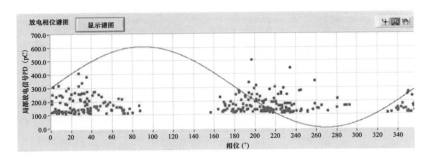

图 7-7　B 段电缆局部放电相位谱图

　　根据上述试验数据，B 段电缆的局部放电起始电压小于 20.2kV（35kV 电缆运行电压），且电缆的局部放电量均随着电压增大而增加，局部放电次数增加很明显，且在 $1.4U_0$ 时 B、C 相均大于 500pC，试验数据说明电缆中间接头存在缺陷。如继续升高电压该段电缆可能在试验中被击穿，经运维单位现场确认，试

验电压最高升至 $1.4U_0$。

（3）在进行 C 段电缆振荡波局部放电检测前，先进行方波校准及背景噪声测试，方波校准分别使用方波源 100、200、500、1000pC 四个挡位进行。试验数据如图 7-8～图 7-10 和表 7-6、表 7-7 所示。

表 7-6　　　　　　　　　　C 段电缆局部放电量与试验电压　　　　　　　　pC

相别	电压							
	$0.5U_0$	$0.7U_0$	U_0	$1.1U_0$	$1.2U_0$	$1.4U_0$	$1.5U_0$	$1.6U_0$
A	0	56	104	120	130	140	144	160
B	0	160	220	220	230	240	180	220
C	0	124	200	220	240	260	300	220

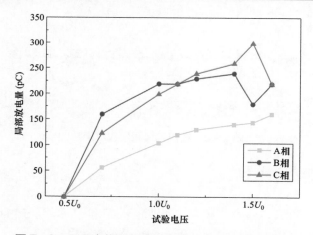

图 7-8　C 段电缆局部放电量随试验电压变化趋势图

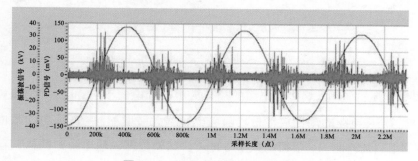

图 7-9　C 段电缆局部放电谱图

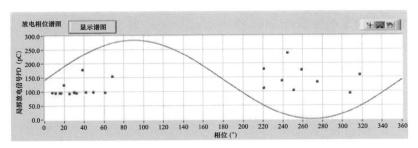

图 7-10 C 段电缆局部放电相位谱图

表 7-7 　　　　　　　　　　　C 段局部放电次数与试验电压

相别	电压		
	$0.7U_0$	U_0	$1.4U_0$
A	1	7	13
B	3	10	18
C	5	12	25

根据上述试验数据，C 段电缆的局部放电起始电压小于 20.2kV（35kV 电缆运行电压），电缆的局部放电量均随着电压增大而维持相对平稳，局部放电次数也相对平稳，且在 $1.6U_0$ 时均小于 300pC；说明中间接头可能有细微缺陷，需进一步进行诊断性试验判断该段电缆的绝缘状态。

由上述试验可以得出：

（1）通过现场对该电缆的绝缘电阻试验，试验数据反映该电缆的绝缘电阻满足规程要求；在振荡波局部放电检测试验中，三段电缆局部放电起始放电电压值（$0.7U_0$）均小于运行电压 20.2kV，其中 A、B 段电缆的局部放电量均随着电压增大而增加，局部放电次数增加很明显，且 A 段电缆在 $1.4U_0$ 时出现大于 300pC 的放电量，B 段电缆在 $1.4U_0$ 时出现大于 600pC 的放电量，已超过 $1.7U_0$ 的规定值，继续升高试验电压存在电缆击穿的可能性，运维单位要求不再继续升高试验电压，所以未进行 $1.7U_0$ 下的局部放电测量。C 段电缆的局部放电量随着电压增大而维持相对平稳，局部放电量在 300pC 左右。

（2）经试验数据分析表明：该批电缆存在绝缘缺陷，如按其电压等级进行

97

交流耐压存在击穿的可能。

（3）建议降压运行。

7.2 超低频介质损耗检测

介质损耗检测主要用于评估电缆绝缘的整体老化程度。随着电缆线路运行时间增加，绝缘材料逐渐发生老化，介质损耗会随之增长。通过检测电缆的介质损耗，能够了解电缆线路绝缘整体老化程度，为运行检修提供技术参考。该试验主要针对配电电缆线路。

介质损耗检测是通过测量介质损耗角正切值 $\tan\delta$ 的大小及其变化趋势判断试品的整体绝缘情况。在交变电场下，电缆绝缘中流过的总电流可分解为容性电流 I_C 和阻性电流 I_R，$\tan\delta$ 即为 I_R 与 I_C 的比值。对于新的配电电缆来说，$\tan\delta$ 一般不超过 0.002，若绝缘发生受潮、变质、老化等，$\tan\delta$ 的数值会增大，该手段是判断绝缘老化程度的一种传统、有效的方法。

介质损耗检测试验一般采用超低频正弦波电压激励。被测电缆的两端应与电网的其他设备断开连接，避雷器、电压互感器等附件需要拆除，电缆终端处的三相间需留有足够的安全距离。

介质损耗检测前后应测量电缆主绝缘电阻，且应无明显变化。

检测参数应包括介质损耗因数（VLF-TD，介质损耗平均值）、介质损耗因数差值（VLF-DTD，$1.5U_0-0.5U_0$）和介质损耗因数时间稳定性（VLF-TDTS）三项指标。试验时，电压应以 $0.5U_0$ 的步进值从 $0.5U_0$ 开始升高至 $1.5U_0$。每一个步进电压下应至少完成 5 次介质损耗因数测量。

7.2.1 标准化作业

超低频介质损耗检测标准化作业见表 7-8。

表 7-8　　　　　　　　　　　超低频介质损耗检测标准化作业

序号	作业名称	质量标准
1	总则	（1）试验电缆对侧应有人看守； （2）试验过程中应正确使用辅助绝缘工器具（包括绝缘手套、绝缘垫等）； （3）试验过程中应正确采取验电、放电措施； （4）试验过程中应正确执行呼唱制度： 1）准备试验前应呼唱，并确认试验相及试验内容； 2）加压前应呼唱； 3）试验结束、关闭电源、接地放电应呼唱； 4）换相换线进行试验应呼唱
2	设备工具准备及自检	（1）工器具、安全用具及仪器设备等准备齐全； （2）核对工器具的使用电压等级及试验周期； （3）检查各类工器具外观、状态良好； （4）检查各类仪器设备、工器具、安全用具在有效期内； （5）各类设备、仪表、工器具、安全用具摆放整齐
3	现场操作前的准备	（1）收集电缆的技术资料和相关参数； （2）经工作负责人许可后，方可开始工作； （3）试验负责人核对电缆线路名称； （4）在测试点操作区装设安全围栏，悬挂标示牌，检测前封闭安全围栏； （5）执行现场工作任务和安全技术交底，叙述准确、流利； （6）人员状态良好，方可进行现场工作
4	试验准备工作	（1）正确做好停电、验电、放电和接地工作； （2）确认电力电缆两端的金属屏蔽和铠装层应接地良好； （3）检查电缆与其他电气设备的电气连接是否断开，检查测试端场地是否平整； （4）确认测试端和对端应设围栏并有专人看护； （5）与对端看守人员保持通信畅通
5	测量电缆主绝缘电阻	（1）利用绝缘电阻表测量一相电缆绝缘电阻，对试品放电并接地； （2）其余两相测试重复以上步骤
6	超低频介质损耗试验设备接线	（1）正确连接设备接线； （2）正确启动设备； （3）新建介质损耗试验模板
	加压测试介质损耗	（1）选择正确介质损耗试验模板； （2）检查加压过程和 U_0 是否正确； （3）执行超低频介质损耗试验； （4）观察设备采集参数及运行状态； （5）试验完毕，自动结束，关闭急停按钮； （6）执行放电，保存数据
	测试结束放电	（1）试验完毕，关闭急停开关； （2）执行放电
7	电缆主绝缘电阻复测	（1）利用绝缘电阻表测量一相电缆绝缘电阻，对试品放电并接地； （2）其余两相测试重复以上步骤
8	介质损耗试验报告内容	（1）正确计算超低频介质损耗标准偏差、平均值、变化率； （2）超低频介质损耗结论清晰准确
9	向工作负责人汇报测试结果	试验人员向工作负责人汇报振荡波局部放电分析过程及超低频介质损耗判断依据，总结测试结果
10	施工人员清点工器具，并清理施工现场	检查被试设备上无遗留工器具和试验用导地线，回收设备材料，拆除安全围栏，人员撤离

7.2.2 案例分析

国家某大型研究单位是我国最为重要的科研机构之一，同时也是电网企业重要用户，其对电力供应的要求可靠性高，日常的保电任务极为重要。该单位投入运行的部分电力电缆线路已持续运行近三十年，为保障内部电力供应的可靠性及设备运行的安全，对其动力电力电缆线路的绝缘状态进行检测、诊断并对其制定差异化运检方案，既防止了突发停电故障，也避免了不必要的检修工作。

结合现场实际及电缆运行情况，确定采用 0.1Hz 超低频电压法进行测量，现场试验如图 7-11 所示。测试信号从高压侧进行采取，在测试中对被测电缆施加 $0.5U_0$、$1.0U_0$、$1.5U_0$（$U_0 = 8.7$kV）的电压，分别测试各个电压下的电缆介质损耗，每个测试电压分别测量 5 个周期的数据，计算平均值。测试系统将自动展示介质损耗变化率随测试电压的变化曲线、介质损耗值随测试电压变化曲线。

图 7-11 电力电缆老化评估现场试验图

具体测试方法步骤为：

（1）确认被测试电力电缆已停电，将被测电力电缆近端和远端与电力系统完全断开，远端三相悬空，并互相保持足够的安全距离。

（2）使用绝缘电阻表对电力电缆 A、B、C 三相进行绝缘电阻测量，测量电压为 2500V；测试结束后对电力电缆要进行放电、接地以保证人身安全。

（3）将被测电力电缆近端和介质损耗测试主机、高压侧采样的 MDU 高压测量单元连接好，并确认仪器工作接地及保护接地可靠。

（4）设置 U_0 电压及测试电压点后并进行测试工作。

运维单位选取的 5 条有代表性电力电缆进行测试，具体参数见表 7-9，5 条电缆测试数据结果见表 7-10～表 7-14。

表 7-9　　　　　　　　　　电 力 电 缆 参 数

电缆编号	测试地点	电缆类型	电长度缆	电缆投入运行时间	铺设方式
301-IIBS	3PS 室	8.7/10kV 日本进口	700m	1986 年	直埋
107-IBS	1PS 室	8.7/10kV	280m	1986 年	直埋
104-IBS	1PS 室	8.7/10kV	300m	1986 年	直埋
107-IIBS	1PS 室	8.7/10kV	280m	1986 年	直埋
318-IBS	1PS 室	8.7/10kV	1200m	1986 年	直埋

表 7-10　　　　　　　　301-IIBS 电缆测试数据结果

测量值	绝缘电阻值	$\tan\delta$（$0.5U_0$）	$\tan\delta$（U_0）	$\tan\delta$（$1.5U_0$）	$\Delta\tan\delta$
A 相	≥100GΩ	0.35×10^{-3}	0.71×10^{-3}	0.75×10^{-3}	0.40×10^{-3}
B 相	≥100GΩ	0.31×10^{-3}	0.47×10^{-3}	0.50×10^{-3}	0.19×10^{-3}
C 相	≥100GΩ	0.31×10^{-3}	0.47×10^{-3}	0.51×10^{-3}	0.20×10^{-3}

结论：根据标准判断，此条电缆绝缘性能较好，再综合以上测量数据及比对表，此条电缆整体运行状况良好，暂未出现老化，但已运行 20 多年，考虑到多方面外界因素，建议 5 年后安排下一次老化状态评价。

表 7-11　　　　　　　　107-IBS 电力电缆测试数据

测量值	绝缘电阻值	$\tan\delta$（$0.5U_0$）	$\tan\delta$（U_0）	$\tan\delta$（$1.5U_0$）	$\Delta\tan\delta$
A 相	≥100GΩ	1.20×10^{-3}	2.09×10^{-3}	2.04×10^{-3}	0.84×10^{-3}
B 相	≥100GΩ	0.69×10^{-3}	1.77×10^{-3}	1.77×10^{-3}	1.04×10^{-3}
C 相	≥100GΩ	0.77×10^{-3}	1.53×10^{-3}	1.54×10^{-3}	0.77×10^{-3}

结论：根据标准判断，再综合以上测量数据及比对表，此条电缆整体运行状况正常，但已运行 20 多年，考虑到多方面外界因素，建议 5 年后安排下一次老化状态评价。

表 7-12   104-IBS 电力电缆测试数据

测量值	绝缘电阻值	$\tan\delta\,(0.5U_0)$	$\tan\delta\,(U_0)$	$\tan\delta\,(1.5U_0)$	$\Delta\tan\delta$
A 相	≥100GΩ	0.54×10^{-3}	0.93×10^{-3}	0.93×10^{-3}	0.39×10^{-3}
B 相	≥100GΩ	1.99×10^{-3}	3.72×10^{-3}	4.24×10^{-3}	2.25×10^{-3}
C 相	≥100GΩ	3.08×10^{-3}	4.18×10^{-3}	4.38×10^{-3}	1.30×10^{-3}

结论：根据标准判断，再综合以上测量数据及比对表，电缆已经部分老化，夏天高温高负荷运行有可能导致击穿，建议尽快实施计划更换电缆，以免突发停电带来巨大的经济损失。

表 7-13   107-IIBS 电力电缆测试数据

测量值	绝缘电阻值	$\tan\delta\,(0.5U_0)$	$\tan\delta\,(U_0)$	$\tan\delta\,(1.5U_0)$	$\Delta\tan\delta$
A 相	≥100GΩ	0.77×10^{-3}	1.24×10^{-3}	0.93×10^{-3}	0.39×10^{-3}
B 相	≥100GΩ	0.26×10^{-3}	1.21×10^{-3}	1.16×10^{-3}	0.54×10^{-3}
C 相	≥100GΩ	0.48×10^{-3}	1.20×10^{-3}	1.09×10^{-3}	0.61×10^{-3}

结论：根据标准判断，再综合以上测量数据及比对表，此条电缆整体运行状况正常，但已运行 20 多年，考虑到多方面外界因素，建议 5 年后安排下一次老化状态评价。

表 7-14   318-IBS 电力电缆测试数据结果

测量值	绝缘电阻值	$\tan\delta\,(0.5U_0)$	$\tan\delta\,(U_0)$	$\tan\delta\,(1.5U_0)$	$\Delta\tan\delta$
A 相	20.2GΩ	13.87×10^{-3}	35.29×10^{-3}	—	21.42×10^{-3}
B 相	82.1GΩ	6.17×10^{-3}	12.57×10^{-3}		6.40×10^{-3}
C 相	86.8GΩ	2.97×10^{-3}	20.7×10^{-3}	—	17.73×10^{-3}

结论：由于此根电缆为临时停电测试，电缆已经部分老化，夏天高温高负荷运行有可能导致击穿，建议尽快实施计划更换电缆，以免突发停电带来巨大

的经济损失。

（1）本次测试是需要电力电缆停电并退出运行并对被测电缆施加 $0.5U_0$、$1.0U_0$、$1.5U_0$（$U_0=8.7$kV）的电压，分别测量各个电压下的电缆介质损耗，因运维单位对供电可靠性的要求严格，决定不测试 $1.5U_0$ 点，以保证现有电力的安全。

（2）本次在 $1.5U_0$（$U_0=8.7$kV）的电压下测量 5 条 8.7/10kV 电力电缆的介质损耗测试，确定 301-IIBS、107-IBS、107-IIBS 电力电缆绝缘基本完好状态；104-IBS 和 318-IBS 电力电缆绝缘已经发生老化。

7.3　宽频阻抗谱检测

目前，配电电缆整体绝缘状态可采用绝缘电阻测试和超低频介质损耗测试结果进行评估，然而，两种方法均无法对受潮或严重老化部位进行精确定位。宽频阻抗谱检测技术利用低压变频正弦信号源测量电缆首端输入阻抗随频率变化的曲线，以获取电缆运行状态信息，可以作为配电电缆状态评价的补充技术手段，具有推广应用的价值。

7.3.1　典型案例一

2020 年 12 月 10 日，采用基于线性宽频阻抗谱的电缆受潮定位装置对 10kV ××国际中心 1 号高配主供线 9851 电缆进行受潮缺陷定位检测。

10kV ××国际中心 1 号高配主供线 9851 电缆全长 5000m，于 2016 年敷设完毕一直未投运，拟于 2020 年投运，但绝缘阻值低，不满足试验条件，前期已将电缆开断为 2200m 和 2800m，经绝缘电阻测试，2200m 电缆段绝缘阻值合格，但 2800m 电缆段三相绝缘电阻分别为 25、31MΩ 和 23GΩ，不满足送电条件。

线性宽频阻抗谱缺陷定位曲线是通过处理电缆的线性宽频阻抗数据进行分析得到，其异常峰值位置代表了缺陷或接头位置。一般来说，完好电缆的缺陷定位曲线仅在接头位置和首末端处出现峰值。同时，接头峰值的变化特征也满足相应的规律，如果有异常的接头，其峰值会出现对应变化。

首端电缆线性宽频阻抗谱缺陷定位测试结果分析如图7-12～图7-14所示。

分析三相的缺陷测试结果，波速设定为 170m/μs。通过对比三相电缆测试数据，可以发现电缆总长度为2800m左右，并且分别在600、800、1300、1700、2100m附近处存在中间接头。

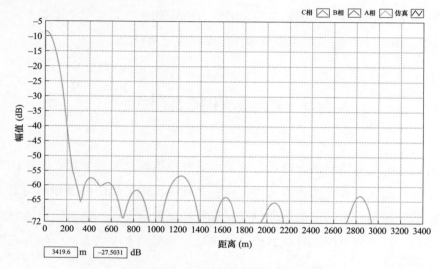

图7-12 电缆A相线性宽频阻抗谱

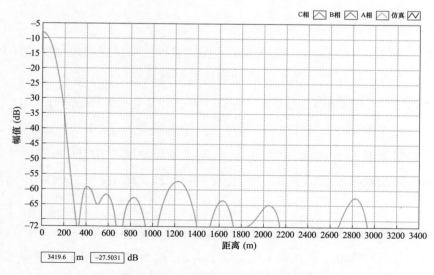

图7-13 电缆B相线性宽频阻抗谱

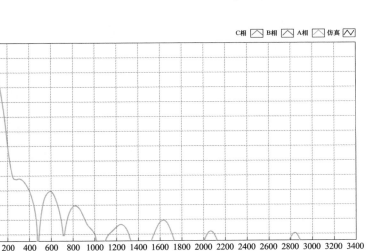

图 7-14　电缆 C 相电缆线性宽频阻抗谱

通过与现场线路路径与接头位置信息对比,测试数据与实际接头位置一致。

1. 电缆 1300m 接头存在异常

通过对比 A、C 两相数据,发现在 C 相 1300m 处幅值存在明显区别,如图 7-15 所示,在 800～1300m 处接头的幅值并没有呈现指数衰减,初步判断 1300m 处接头存在异常。

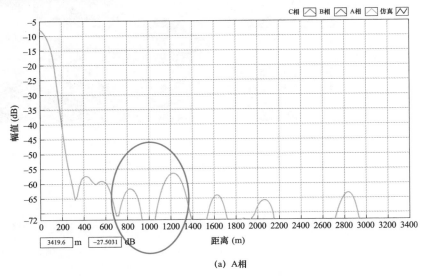

(a) A相

图 7-15　电缆 1300m 处 A、C 两相数据对比(一)

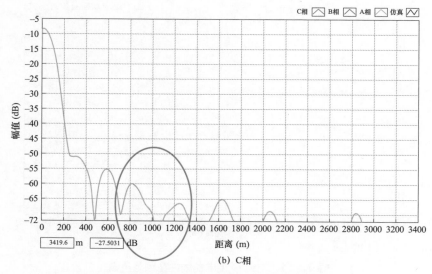

图 7-15　电缆 1300m 处 A、C 两相数据对比（二）

对电缆 1300m 处接头进行解剖，如图 7-16 所示，中间接头处存在明显的受潮进水痕迹，且电缆外护套存在损伤，钢铠已锈蚀。

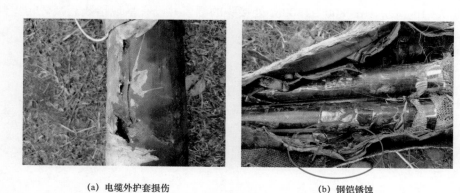

（a）电缆外护套损伤　　　　　　　　（b）钢铠锈蚀

图 7-16　1300m 中间接头受潮进水痕迹

2. 电缆 1700m 接头存在异常

通过将上限频率限制在 1MHz，测试得到电缆 B 相的线性宽频阻抗谱如图 7-17 所示。从图中可以看出，1700m 处中间接头的波形峰值最高，即此处的阻抗不匹配程度最大，初步判断 1700m 处接头存在异常。

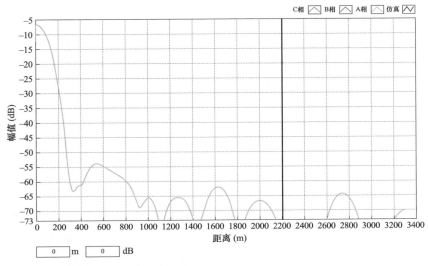

图 7-17　上限频率为 1MHz 时电缆 1700m 处 B 相图谱

对电缆 1700m 处电缆接头进行解剖，如图 7-18 所示，中间接头处受潮进水痕迹明显，钢铠已出现部分锈蚀的现象，用手触摸能感觉到明显的受潮痕迹。

图 7-18　1700m 中间接头受潮进水痕迹

经对两处中间接头解剖后，发现接头处均存在受潮进水的情况，对截断后的电缆进行绝缘电阻测试，测试结果显示电缆绝缘电阻均有明显升高，表明定位结果与解剖结果相符。

7.3.2 典型案例二

2021 年 3 月 15 日，某供电公司采用超低频局部放电和介质损耗检测设备对 10kV 某出线电缆进行超低频局部放电、介质损耗及耐压检测试验，电缆投运时间 2015 年、长度 1480m、4 个中间接头（分别位于 300、650、815、1100m）。

试验结论之一为电缆介质损耗超标。因投运时间短，电缆自然老化的影响程度不足引发介质损耗超标。根据运行经验，接头受潮进水引发介质损耗超标的数量占比超 95%。因此采用基于电缆宽频阻抗谱的检测手段对受潮部位进行定位，如图 7–19 所示，最终确定电缆 650、815m 的 2 个接头均存在受潮进水，解体发现为三相冷缩管两端均未进行防水填充等制作工艺问题，如图 7–20 所示，经全部更换后，电缆超低频局部放电、介质损耗及耐压试验合格且送电正常。

通过 0.1Hz 超低频介质损耗检测可以掌握电缆整体绝缘性能，检测结果可在一定程度反映电缆受潮情况。电缆宽频阻抗谱检测技术能够准确有效定位电缆受潮部位。

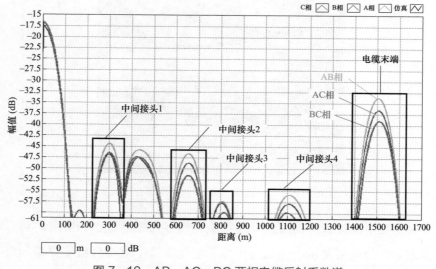

图 7–19 AB、AC、BC 两相电缆反射系数谱

图 7-20　受潮部位电缆接头解剖图

7.4　配电电缆水树老化修复

7.4.1　标准化作业

水树老化 XLPE 电力电缆修复作业过程中作业人员应正确佩戴个人防护用具。老化修复作业区应保持清洁和干燥，距修复设备 15m 以内不得进行焊接或加热作业。修复过程中必须严格控制施工现场的温度、湿度与清洁度。温度宜控制在 10～30℃，当温度超出允许范围时，应采取适当措施。相对湿度应控制在 70%及以下，当湿度大时，应采取适当除湿措施。

老化电缆每次修复工作前后均应进行绝缘性能测试，测试方法应符合 IEEE 400.2—2013 *IEEE Guide for Field Testing of Shielded Power Cable Systems Using Very Low Frequency（VLF）* 和 T/CEC 439—2021《35kV 及以下交联聚乙烯电力电缆水树老化绝缘修复技术导则》的规定。重点关注运行年限超过 20 年的电力电缆，对于长期运行于潮湿环境中的 XLPE 电力电缆，运行年限超过 15 年，宜应加强关注。

7.4.1.1 修复技术要求

1. 装置密闭稳定性

压力注入装置应满足 GB/T 150.1—2011《压力容器 第 1 部分：通用要求》的要求。连接装置应保持通畅，不得扭曲，开启送气阀前，应用连接装置将电缆设备与加压装置连接好，并通知现场有关人员后方可送气。在出气口前方，不得有人。

在注入过程和保压过程中连接装置均不会出现漏液和爆裂现象，其中工作温度下压力容器的许用应力需满足电缆现场修复工作压力要求，但不得小于 0.8MPa。

2. 生成物主要技术指标

修复液与水反应后生成物，其性能应符合表 7-15 的规定。

表 7-15 修复液与水反应后生成物绝缘性能

项目	介质损耗角正切	瞬时交流击穿强度（kV/mm）	直流体积电导率（Ω·cm）	工作温度（℃）
技术要求	$\leq 5 \times 10^{-4}$	≥ 20	$\geq 10^{15}$	90

7.4.1.2 修复操作

水树老化电缆修复操作过程包括附件处理、修复装置安装、气体注入、修复液压力注入、保压静置、修复装置移除、附件恢复、修复后电缆绝缘状态检测、恢复送电等。具体修复过程及流程如图 7-21 所示,配电电缆水树老化修复标准化作业见表 7-16。

（1）修复装置安装。对待修复电缆两端的电缆头进行处理，安装连接装置，将修复液注入终端同电缆头相连接，过程中需采取有效控制手段避免对电缆造成损伤。

（2）气体注入。修复前，向老化电缆内注入惰性气体或干燥空气，确保缆芯内畅通无阻塞，

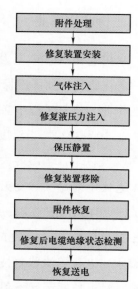

图 7-21 水树老化 XLPE 电力电缆修复过程

并且排空缆芯内的水分。

（3）修复液压力注入。将修复液注入终端同电缆头密封，保证修复液在修复压力下不发生泄漏。增大注入端和对侧之间的压力差，提高修复液注入速率和渗透速率。

（4）保压静置。修复液注通后，关闭另一端的出口，并将气压降低至0.2MPa，保持不小于 2h。

（5）外观检查。修复完成后，对电缆进行外观检查，查看电缆是否有鼓包现象。

表 7-16　　　　　　　　配电电缆水树老化修复标准化作业

序号	作业内容		作业步骤及注意事项
1	工作准备阶段		和运维人员沟通，明确工作人员可活动区域
			严格执行工作许可制度，等待运维人员按工作票所列完成安全措施并许票
			现场工作人员按要求着工作服、戴安全帽
			引导设备车经指定路线进场，车速不得超过 5km/h，车外轮廓与带电设备间距离保持 5m 以上
			班前会、安全技术交底
			装设安全围栏，将安装设备区域围栏，悬挂"在此工作"标示牌，出口处悬挂"从此进出"标示牌
2	安装设备		（1）指挥作业人员按照工作要求在正确的位置安放设备。 （2）纠正作业人员的不安全行为
			（1）按照负责人要求在正确的位置安放各设备并完成试验接线。 （2）在人字梯上作业时，人字梯必须有限制开度的措施，必须有人扶梯，搬运梯子或其他长物件时需两人放倒搬运。 （3）登高作业超过 1.5m 需正确佩戴安全带，不得上下抛投工具或其他材料； （4）注意力集中，不得在吊物、吊臂下逗留或行走
3	主绝缘电阻测量	接线	（1）电源线应由专人接，先接设备侧，后接电源侧。其他人在线放后，就应将电源线视作带电。 （2）操作时应有人监护，戴上绝缘手套，先验电（包括中性点）后操作，如用万用表验电，需先确认万用表表笔是否是插入正确位置、挡位是否正确。 （3）电源搭接好后，通知工作负责人，得到同意后才能开始试验
		升压准备	检查试验接线无误，调整安全围栏，保证安全围栏与设备高压部分距离，在操作处放置绝缘垫
		看护	试验时，线路试验侧和对侧安排专人看护，严禁有人靠近、翻越围栏，紧急情况发出紧急信号
		升压	（1）站在绝缘垫上操作，注意力集中，注意紧急情况的发生。 （2）大声呼唱"开始升压了！"。 （3）测量后注意放电
		试验结束切断电源	（1）试验结束，应先拆除电源线。 （2）操作时应有人监护，戴上绝缘手套，先验电（包括中性点）后操作，如用万用表验电，需先确认万用表表笔是否是插入正确位置、挡位是否正确。 （3）电源端拆除后，通知工作负责人

序号	作业内容		作业步骤及注意事项
4	超低频介质损耗测量	接线	（1）电源线应由专人接，先接设备侧，后接电源侧。其他人在线放开后，就应将电源线视作带电。 （2）操作时应有人监护，戴上绝缘手套，先验电（包括中性点）后操作，如用万用表验电，需先确认万用表表笔是否是插入正确位置、挡位是否正确。 （3）电源搭接好后，通知工作负责人，得到同意后才能开始试验
		升压准备	检查试验接线无误，调整安全围栏，保证安全围栏与设备高压部分距离，在操作处放置绝缘垫
		看护	试验时，线路试验侧和对侧安排专人看护，严禁有人靠近、翻越围栏，紧急情况发出紧急信号
		升压	（1）站在绝缘垫上操作，注意力集中，注意紧急情况的发生。 （2）大声呼唱"开始升压了！"。 （3）第一阶段电压 $0.5U_0$，测量 8 个周波 $\tan\delta$ 的值。 （4）第二阶段电压 U_0，测量 8 个周波 $\tan\delta$ 的值。 （5）第三阶段电压 $1.5U_0$，测量 8 个周波 $\tan\delta$ 的值。 （6）测量后注意放电
		试验结束切断电源	（1）试验结束，应先拆除电源线。 （2）操作时应有人监护，戴上绝缘手套，先验电（包括中性点）后操作，如用万用表验电，需先确认万用表表笔是否是插入正确位置、挡位是否正确。 （3）电源端拆除后，通知工作负责人。 （4）到设备侧拆除电源线设备端
5	电缆水树老化修复		（1）停电、验电、接地。 （2）附件处理。 （3）连接装置安装。 （4）连接修复装置。 （5）气体注入（必要时）。 （6）修复液压力注入。 （7）保压静置 2～4h。 （8）附件恢复
6	超低频介质损耗测量		同 5
7	主绝缘电阻测量		同 4
8	收设备	收电源线	电源线在绕线盘上绕紧
		设备吊装	（1）操作要求同设备安装。 （2）设备装车做好必要的防震措施
		清理设备	按照设备清单清理设备，特别是小件工具要清点到位
		配合捆绑	（1）设备必须做好防水措施。 （2）设备必须捆绑压紧。 （3）修复压力罐不得同其他硬质物体放在一起，以免碰坏
9	清理现场		检查被试设备上与试验相关的接线是否拆除干净
			清理现场因试验产生的垃圾
10	工作结束		班后会
			同运维人员一同检查现场因试验所做安全措施是否全部恢复
			同运维人员确认无误后，终结工作票，填写修试记录，结束工作

7.4.2　案例分析

国网四川省电力公司电力科学研究院着力研究基于绝缘再生的电缆老化修复技术，延长运行电缆寿命。选取多家地市供电公司运行水树老化电缆为修复对象，尽量满足以下要求：

（1）运行年限在 15 年以上的电缆；

（2）运行环境恶劣，长期在有水的环境下运行的电缆；

（3）带电检测、定期试验发现存在水树老化的电缆；

（4）因故障退运或迁改的电缆。

运行电缆的修复需要电缆处于停电状态下进行实验，同时需要对电缆终端进行一定的处理以便后续测试和修复实验的开展，以热缩式电缆终端头为例，现场的电缆修复实验步骤如下：

（1）将电缆终端头从系统中分离，露出电缆接线铜鼻子；

（2）将终端头热缩管剥除 4cm，并露出电缆缆芯以便修复液的注入；

（3）从电缆铜鼻子位置向后缠裹绝缘填充胶带约 12cm，用以填充电缆与修复适配器之间的间隙；

（4）连接电缆与修复适配器，并使用 4~5 个喉箍固定修复适配器，保证修复系统的气密性，处理后的电缆终端头如图 7-22 所示；

（5）连接压力式注入修复系统，将空气压缩机、修复液储液罐、修复适配器等用导液管连接成一个整体，如图 7-23 所示；

（6）检验压力注入系统的整体气密性，向电缆缆芯内部注入修复液，同时采用电子秤实时称量储液罐中的修复液质量，用以评估实际修复进度；

（7）修复完成后，拆下电缆适配器，收集余液，并使用酒精纸擦拭电缆表面并重新恢复电缆接头。

为有效评估现场运行老化电缆的修复前后效果，在修复前、修复后均对其三相进行超低频（VLF）介质损耗测试，分析各电缆的绝缘修复效果。VLF 现场测如图 7-24 所示。

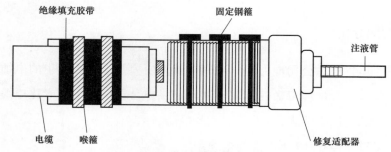

（a）电缆接头连接示意图

（b）电缆接头连接实际连接图

图 7-22　现场电缆接头处理

图 7-23　现场修复照片

图 7-24　VLF 现场测试照片

7.4.2.1　典型案例 1——单端压力注入

采用 0.4MPa 单端注入的方式对 10kV 旭×二线电缆进行修复，修复速率如

图 7-25 所示。

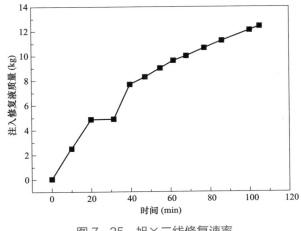

图 7-25　旭×二线修复速率

　　修复前该线路三相的介质损耗变化率、介质损耗测量时间稳定性、介质损耗平均值均超过标准值，处于老化状态。在对电缆进行了修复后保压 2h 再次测量其超低频介质损耗，三相介质损耗变化率、介质损耗时间稳定性均降到健康状态，介质损耗平均值降低至接近标准值；运行 91 天后，A、C 相指标均为健康状态，B 相略有波动，相较于修复前仍有很大提升，如图 7-26 所示。

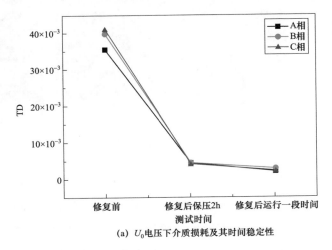

(a) U_0 电压下介质损耗及其时间稳定性

图 7-26　旭×二线修复前后介质损耗（一）

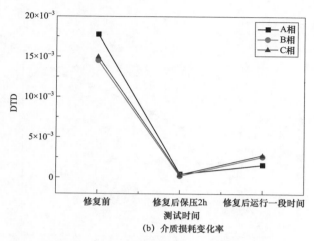

（b）介质损耗变化率

图 7-26　旭×二线修复前后介质损耗（二）

7.4.2.2　典型案例 2——一端压力注入一端抽真空

对运行 16 年的 10kV 西×路南二巷支路电缆进行绝缘状态评估及水树老化修复工作，电缆截面积为 300mm²。修复过程中（如图 7-27 所示），采用 3 个大气压的压力注入，对侧采用抽真空的方式抽取，修复速率如图 7-28 所示。

（a）超低频介质损耗试验　　（b）试验侧压力注入　　（c）对侧抽真空　　（d）对侧余液收集

图 7-27　现场工作

结果表明，修复后电缆主绝缘绝缘电阻由 200MΩ 提高至 600MΩ。由于工作当天遭遇两次暴雨，送电时间紧张，电缆修复后，未能进行超低频介质损耗试验。修复后运行 114 天后，跟踪电缆绝缘状态可知（如图 7-29 所示），电缆三相介质损耗变化率均下降，B、C 两相介质损耗平均值下降，A 相略有增加，宜加强监控。

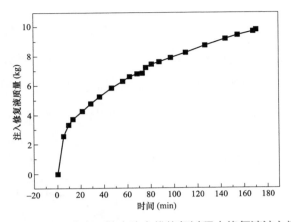

图 7-28　西×路南二巷支路电缆修复过程中修复液注入速率

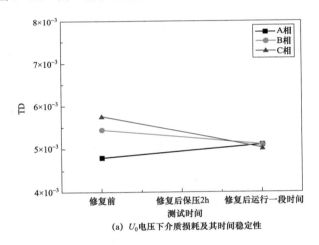

(a) U_0 电压下介质损耗及其时间稳定性

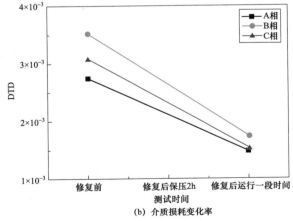

(b) 介质损耗变化率

图 7-29　西×路南二巷支路修复前后介质损耗

7.4.2.3 典型案例 3——先通气再一端压力注入一端抽真空

对运行 14 年的 10kV 刘×线电缆进行绝缘状态评估及水树老化修复工作。根据电缆主绝缘绝缘电阻和超低频介质损耗测试结果，表明 B、C 两相出现严重老化现象，A 相老化。该电缆截面积为 95mm²，缆芯间隙小，不易注通，先对电缆通气体，在 3 个大气压下单向注气 30min 后，三相均通。再对电缆注入修复液，采用 3 个大气压的压力注入，对侧采用抽真空的方式进行，修复液注入速率如图 7-30 所示。

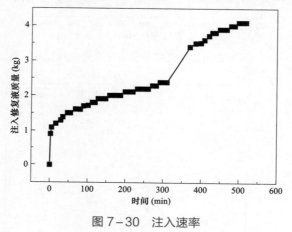

图 7-30 注入速率

修复前 A 相处于老化状态，B、C 两相处于严重老化状态；修复后静置 2h 再次测量其超低频介质损耗发现，电缆的绝缘水平得到了大幅提升；运行 131 天后，电缆三相介质损耗变化率和介质损耗平均值都稳定下降，如图 7-31 所示。

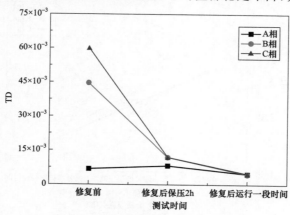

图 7-31 刘×路修复前后介质损耗

参考文献

［1］ Orton H. History of underground power cables ［J］. IEEE Electrical Insulation Magazine, 2013, 29(4): 52－57.

［2］ 杜伯学，李忠磊，杨卓然，等. 高压直流交联聚乙烯电缆应用与研究进展 ［J］. 高电压技术，2017，43（2）：344－354.

［3］ Patsch R. Electrical and water treeing: a chairman's view［J］. IEEE transactions on electrical insulation, 1992, 27(3): 532－542.

［4］ 王伟. 交联聚乙烯绝缘电力电缆技术基础 ［M］. 3 版. 西安：西北工业大学出版社，2011.

［5］ 惠宝军，傅明利，刘通，等. 110kV 及以上电力电缆系统故障统计分析 ［J］. 南方电网技术，2017，11（12）：44－50＋67.

［6］ CIGRE WG1. 28. On-site partial discharge assessment of HV and EHV cable systems ［R］. Paris, France: CIGRE, 2018.

［7］ Ahmed N H，Srinivas N N. On-line partial discharge detection in cables ［J］. IEEE Transactions on Dielectrics & Electrical Insulation, 1998, 5(2): 181－188.

［8］ Cavallini A, Montanari G C, Contin A, et al. A new approach to the diagnosis of solid insulation systems based on PD signal inference ［J］. IEEE Electrical Insulation Maganize，2003，19（2）：23－30.

［9］ 唐炬，李伟，杨浩，等. 高压电缆附件局部放电超高频检测与分析 ［J］. 高电压技术，2009，35（7）：1571－1577.

［10］ 郭灿新，张连宏，姚林朋，等. 局部放电 HF/UHF 联合分析方法的现场电

缆终端检测应用［J］. 电力自动化设备，2010，30（5）：92－95.

［11］郑文栋，杨宁，钱勇，等. 多传感器联合检测技术在 XLPE 电缆附件局部放电定位中的试验研究［J］. 电力系统保护与控制，2011，39（20）：84－88.

［12］Ross R. Dealing with interface problems in polymer cable terminations ［J］. IEEE Electrical Insulation Magazine, 1999, 15(4): 5－9.

［13］周利军，刘源，白龙雷，等. 高寒地区车载柔性电缆终端的局部放电特性与破坏机理［J］. 高电压技术，2019，45（1）：195－201.

［14］戴征宇，姜芸，罗俊华. 预制型电缆附件沿面放电试验研究［J］. 高电压技术，2002（9）：9－10.

［15］柳松，彭嘉康，王霞，等. 高压电缆附件界面压力的影响因素分析［J］. 绝缘材料，2013，46（6）：86－89.

［16］贾志东，张雨津，范伟男，等. 10kV XLPE 电缆冷缩中间接头界面压力计算分析［J］. 高电压技术，2017，43（2）：661－665.

［17］Silva F F D, Bak C L. Electromagnetic transients in power cables ［M］. Springer, 2013.

［18］Cao L, Grzybowski S. Accelerated aging study on 15kV XLPE and EPR cables insulation caused by switching impulses ［J］. IEEE Transactions on Dielectrics & Electrical Insulation, 2015, 22(5): 2809－2817.

［19］徐龙，赵艾萱，李嘉明，等. 多次操作冲击对含刀痕缺陷 10kV 电缆终端局部放电特性的影响［J］. 高电压技术，2020，46（2）：673－681.

［20］Nyamupangedengu C. Time-varying partial discharge spectral characteristics in solid polymer insulation ［J］. IET Science, Measurement & Technology, 2012, 6(2): 85－95.

［21］廖雁群，惠宝军，夏荣，等. 110kV 电缆中间接头及本体典型缺陷局部放电特征分析［J］. 绝缘材料，2014，47（5）：60－67.

［22］唐炬，魏钢，李伟，等. 基于双向二维最大间距准则的局部放电灰度图像特征提取［J］. 电网技术，2011，35（3）：129－134.

［23］王干军，李锦舒，吴毅江，等. 基于随机森林的高压电缆局部放电特征寻

优 [J]．电网技术，2019，43（4）：1329-1336.

[24] Raymond, Hazlee, Bakar, et al. Partial discharge classifications: review of recent progress [J]. Measurement, 2015, 68(1): 164-181.

[25] 李斯盟，李清泉，刘洪顺，等．基于雷达谱图的交直流复合电压下油纸针板模型局放阶段识别 [J]．中国电机工程学报，2018，38（19）：5897-5908+5948.

[26] Yoshida H, Tian Z, Hikita M, et al. Study of the time evolution of partial discharge characteristics and interfacial phenomena of simulated XLPE cable joint [C]//International Symposium on Electrical Insulating Materials.IEEE, 1998: 501-504.

[27] Hui B, Liu C, Tian Y, et al. The relationship between partial discharge behavior and the degradation of 10kV XLPE cable joints [C] //2016 International Conference on Condition Monitoring and Diagnosis(CMD), Xi'an, 2016: 843-846.

[28] Haikali E N N, Nyamupangedengu C. Measured and simulated time-evolution PD characteristics of typical installation defects in MV XLPE cable terminations [J]. SAIEE Africa Research Journal, 2019, 110(3): 136-144.

[29] 王霞，姚航，吴锴，等．交联聚乙烯与硅橡胶界面涂抹不同硅脂对其电荷特性的影响 [J]．高电压技术，2014，40（1）：74-79.

[30] 崔江静，余栋，王霞，等．电缆本体与附件界面压力测量方法的研究进展 [J]．绝缘材料，2018，51（3）：1-6.

[31] 张东升，韩永胜，刘红欣，等．高压电缆接头界面压力测试研究 [J]．高电压技术，2007（1）：173-176.

[32] 仇炜，李莹，崔江静，等．电缆弯曲对中间接头界面压力的影响规律研究 [J]．绝缘材料，2020，53（1）：76-82.

[33] 谢强，王晓游，傅明利，等．高压电缆接头过盈配合及硅橡胶附件力学性能计算 [J]．高电压技术，2018，44（2）：498-506.

[34] 刘昌，惠宝军，傅明利，等．机械应力对硅橡胶高压电缆附件运行可靠性

的影响 [J]．高电压技术，2018，44（2）：518－526．

[35] 王佩龙．高压电缆附件的电场及界面压力设计[J]．电线电缆，2011（05）：1－4＋10．

[36] 王霞，王陈诚，吴锴，等．一种新型高压电缆附件优化设计方法 [J]．西安交通大学学报，2013，47（12）：102－109．

[37] 王霞，余栋，段胜杰，等．高压电缆附件设计环节中几个关键问题探讨 [J]．高电压技术，2018，44（8）：2710－2716．

[38] 韩轩，马永其，吴凤琳，等．高压电缆终端应力锥应力变化的现场测试分析 [J]．高压电器，2009，45（3）：49－51．

[39] 田正兵，孙丽莹，白晓烨，等．基于有限元分析预制电缆接头界面压力测量方法的研究 [J]．电线电缆，2019（3）：20－23．

[40] Virsberg L, Ware P. A new termination for underground distribution[J]. IEEE Transactions on Power Apparatus and Systems, 1967, 86(9): 1129－1135.

[41] 何金良，杨霄，胡军．非线性均压材料的设计理论与参数调控 [J]．电工技术学报，2017，32（16）：44－60．

[42] Christen T, Donzel L, Greuter F. Nonlinear resistive electric field grading part 1: theory and simulation [J]. IEEE Electrical Insulation Magazine, 2010, 26(6): 47－59.

[43] Dang C. Effect of the interfacial pressure and electrode gap on the breakdown strength of various dielectric interfaces[C]//IEEE Conference Record of IEEE International Symposium on Electrical Insulation.Montreal, Canada: IEEE, 1996: 695－698.

[44] 刘昌，惠宝军，傅明利，等．机械应力对硅橡胶高压电缆附件运行可靠性的影响 [J]．高电压技术，2018，44（2）：518－526．

[45] Vivo B D, Spagnuolo G, Vitelli M. Variability analysis of composite materials for stress relief in cable accessories [J]. IEEE Transactions on Magnetic, 2004, 40(2): 418－425.

[46] 柳松，彭嘉康，陈守直，等．高压电缆接头过盈量与面压关系的仿真研究

[J]. 电线电缆，2013（1）：38－40.

[47] 常文治，阎春雨，李成榕，等. 硅橡胶/胶联聚乙烯界面金属颗粒沿面放电严重程度的评估 [J]. 电工技术学报，2015，30（24）：251－260＋267.

[48] Li J, Si W, Yao X, et al. Measurement and simulation of partial discharge in oil impregnated pressboard with an electrical aging process [J]. Measurement Science and Technology, 2009, 20(10): 105701.

[49] Morshuis P H F. Partial discharge mechanisms leading to breakdown, analyzed by fast electrical and optical measurement [D]. Ph. D. Thesis, Delf University, 1993.

[50] Temmen K. Evaluation of surface changes in flat cavities due to ageing by means of phase-angle resolved partial discharge measurement [J]. Journal of Physics D Applied Physics, 2000, 33(6): 603－608.

[51] Wang L, Cavallini A, Montanari G C, et al. PD-induced surface degradation of insulation-embedded cavities: Microscopic investigation [C] //Proceedings of 2011 International Symposium on Electrical Insulating Materials, Kyoto, 2011: 121－124.

[52] 周凯，何珉，熊庆，等. 相位可控的工频与冲击电压协同试验装置研制 [J]. 高电压技术，2018，44（3）：750－755.

[53] 周凯，黄永禄，何珉，等. 基于传输系数的 HFCT 电气参数测试方法研究 [J]. 高压电器，2018，54（11）：309－314.

[54] Yoshida S, Tan M, Yagi S, et al. Development of prefabricated type joint for 275 kV XLPE cable [C] //IEEE international symposium on electrical insulation, 1990: 290－295.

[55] Dang C. Effects of aging on dielectric interfaces of cable accessories [C] // Conference Record of the 1998 IEEE International Symposium on Electrical Insulation (Cat.No.98CH36239), 1998: 552－557.

[56] Amyot N, Fournier D. Influence of thermal cycling on the cable-joint interfacial pressure [C] //ICSD'01.Proceedings of the 20001 IEEE 7th

International Conference on Solid Dielectrics (Cat.No.01CH37117), 2001: 35－38.

［57］周凯, 陶文彪, 赵威, 等. 基于蠕变模型的水树老化电缆绝缘自恢复机制 ［J］. 中国电机工程学报, 2015, 16: 4271－4279.

［58］周凯, 熊庆, 赵威, 等. 硅氧化烷注入后水树老化交联聚乙烯电缆电气特性和微观结构（英文）［J］. 高电压技术, 2015, 08: 2657－2664.

［59］周凯, 杨明亮, 陶文彪, 等. 单一极性直流电压下交联聚乙烯电力电缆水树生长特性 ［J］. 高电压技术, 2015, 04: 1075－1083.

［60］周凯, 熊庆, 何珉, 等. 10kV 电网过电压监测装置设计及实测与仿真对比分析 ［J］. 高电压技术, 2015, 01: 35－41.

［61］龚宁涛. 110 千伏交联聚乙烯电缆预制型接头局部放电宽频带检测研究 ［D］. 重庆: 重庆大学, 2009.

［62］魏钢. 高压交联聚乙烯电力电缆接头绝缘缺陷检测及识别研究 ［D］. 重庆: 重庆大学, 2013.

［63］李伟. 交联聚乙烯电缆中间接头局部放电特征提取与模式识别研究 ［D］. 重庆: 重庆大学, 2010.

［64］杨明亮, 周凯, 吴科, 等. 基于纳米 SiO_2 复合填充的交联聚乙烯电缆水树修复新技术 ［J］. 电工技术学报, 2015, 14: 481－487.

［65］杨滴, 周凯, 陶霰韬, 等. 交联聚乙烯电缆水树修复前后电缆微观结构的变化 ［J］. 电工技术学报, 2015, 01: 228－234.

［66］杨滴, 周凯, 陶文彪, 等. 预修复对交联聚乙烯电缆中水树生长的抑制作用 ［J］. 高电压技术, 2015, 08: 2732－2740.

［67］杨滴, 周凯, 杨明亮, 等. 一种加速 XLPE 电缆水树老化的新型水电极法 ［J］. 绝缘材料, 2015, 03: 45－50.

［68］雷勇, 蒋世超, 周凯, 等. 基于极化－去极化电流方法的交联聚乙烯电缆绝缘无损检测 ［J］. 高电压技术, 2015, 08: 2643－2649.

［69］吴科, 马春亮, 周凯, 等. 10kV 电缆终端绝缘气隙缺陷的局部放电及缺陷表面烧蚀特征 ［J］. 绝缘材料, 2015, 07: 38－43.

［70］殷潇波. 110kV 以上高压电缆敷设周期性载流量研究［D］. 上海：上海交通大学，2009.

［71］Francisco de León, George J. Anders.Effects of backfilling on cable ampacity analyzed with the finite element method［J］. IEEE Transactions on Power Delivery, 2008, 23(2).

［72］杨小静，马国栋. 电力电缆载流量计算视窗化［J］. 电线电缆，2002.

［73］周晓虎. 地下高压电力电缆温度场数值计算［D］. 吉林：东北电力大学，2008.

［74］赵健康，姜芸，杨黎明，等. 中低压交联电缆密集敷设载流量试验研究［J］. 高电压技术，2005，31（10）：55－58.

［75］罗灵琳. 单芯电缆温度场及载流量实时计算方法的研究［D］. 重庆：重庆大学，2008.

［76］马国栋. 电线电缆载流量［M］. 北京：中国水利水电出版社，2003.

［77］刘刚，刘毅刚. 高压交联聚乙烯电缆试验及维护技术［M］. 北京：中国电力出版社，2012.

［78］张洪麟，唐军，陈伟根，等. 基于有限元法的地下电缆群温度场及载流量的仿真计算［J］. 高压电器，2010（2）：42－45.

［79］周闯. 利用多场耦合计算电力电缆的载流量［D］. 哈尔滨：哈尔滨理工大学，2013.

［80］杨延明. 基于有限元法的电力电缆载流量计算［D］. 哈尔滨：哈尔滨理工大学，2012.

［81］唐元春，杨帆，陈俊，等. 重庆电网 110kV 电缆不同敷设方式下温度场分布于载流量计算［J］. 重庆理工大学学报，2012，26（3）：79－84.

［82］杨永明，程鹏，陈俊，等. 基于耦合场的通风电缆沟敷设电缆载流量计算及其影响因素分析［J］. 电力自动化设备，2013，33（7）：139－143.

［83］李昕翼，肖国杰，白爱娟，等. 成都地区降水时空分布变化［J］. 气象科技，2011，39（4）：417－422.

［84］宋春林，谢晶，毛栋平，等. 成都市雨水分布特征及其利用潜力分析［J］. 四

川环境，2012，31（6）：79-83.

[85] 陈娇娜，李国平. 地基 GPS 遥感成都地区秋、冬季可降水量的分布特征
[J]. 中国气象学会 2008 年年会第二届研究生年会分会场论文集，2008.

[86] 牛凌燕. 成都地区土壤汞对酸雨敏感性研究［D］. 成都：成都理工大学，
2009.

[87] 赵健康，雷清泉，王晓兵，等. 复杂运行条件下交联电缆载流量研究［J］.
高电压技术，2009（12）：3123-3128.

[88] 陈浩然，胡倩楠. 材料热阻系数取值对 10kV 三芯电缆导体温度计算的影
响［J］. 广东电力，2014，27（4）：86-90.

[89] 刘刚，雷成华. 提高单芯电缆短时负荷载流量的试验分析［J］. 高电压技
术，2011，37（5）：1288-1293.

[90] 刘刚，周凡，黄旭锐，等. 环境温度和环境热阻对单芯电缆导体温度计算
灵敏度的影响分析［J］. 广东电力，2012，25（10）：51-55.

[91] 杜伯学，马宗乐，霍振星，等. 电力电缆技术的发展与研究动向［J］. 高
压电器，2010，46（7）：100-104.

[92] 周远翔，赵健康，刘睿，等. 高压/超高压电力电缆关键技术分析及展望
［J］. 高电压技术，2014，40（9）：2593-2612.

[93] Gulski E, Seitz P P, Bodega R, et al. On-site testing and PD diagnosis of HV
power cables［C］//Electrical Insulation, 2008.ISEI 2008.Conference Record
of the 2008 IEEE International Symposium on.IEEE, 2008: 650-653.

[94] 游世宇，吴雨波，万利，等. 高压大电流下电缆附件电热老化实验装置的
研制［J］. 高压电器，2013，49（007）：29-34.

[95] 周凯. 高压大电流下电缆附件的电热老化装置及其试验方法. 中国，
CN201210241089［P］. 2012-07-12.

[96] Illias H A, Tunio M A, et al. Partial discharge phenomena within an artificial
void in cable insulation geometry: Experimental validation and simulation
［J］. IEEE Transactions on Dielectrics and Electrical Insulation, 2016, 23 (1).

[97] 成小瑛. 局部放电模式识别特征量提取方法研究与特征量相关性分析

［D］. 重庆：重庆大学，2003.

［98］ Arief Y Z, Ahmad H, Hikita M. Partial discharge characteristics of XLPE cable joint and interfacial phenomena with artificial defects［C］//IEEE 2nd International Power and Energy Conference, 2008: 1518 – 1523.

［99］ 常文治. 电力电缆中间接头典型缺陷局部放电发展过程的研究［D］. 保定：华北电力大学，2013.

［100］ 姜芸，闵红，罗俊华，等. 220kV 电缆接头半导电尖端缺陷的局部放电试验［J］. 高电技术，2010，36（11）：2657 – 2661.

［101］ 唐炬，龚宁涛，李伟，等. 高压交联聚乙烯电缆附件局部放电特性分析［J］. 重庆大学学报，2009，32（5）：528 – 534.

［102］ 廖雁群，惠宝军，夏荣，等. 110kV 电缆中间接头及本体典型缺陷局部放电特征分析［J］. 绝缘材料，2014，47（5）：60 – 67

［103］ 李剑. 局部放电灰度图象识别特征提取与分形压缩方法的研究［D］. 重庆：重庆大学，2001.

［104］ 齐波. GIS 中典型局部放电发展过程和特征的研究［D］. 北京：华北电力大学，2009.

［105］ 王刘旺，朱永利，李莉，等. 基于自适应双阈值的局部放电基本参数提取［J］. 高电压技术，2016，42（4）：1268 – 1274.

［106］ Lapp A, Kranz H G. The use of the CIGRE data format for PD diagnosis applications［J］. IEEE Transactions on Dielectrics and Electrical Insulation, 2000, 7(1): 102 – 112.

［107］ Hoof M, Patsch R. Detection of multiple discharge sites using pulse/pulse correlation［J］. IEEE Transactions on Dielectrics and Electrical Insulation, 2000, 7(1): 12 – 20.

［108］ Ginzo Katsuta, et al. Development of a method partial discharge detection in extra-high voltage cross-linked polyethylene insulated cable lines［J］. IEEE Transactions on Power Delivery, 1992, 7(3): 1068 – 1079.

［109］ 李旭涛，周凯，等. 基于 TEV 法的电缆终端局部放电状态监测装置的研

制 [J]. 电力系统保护与控制，2013，41（12）：98-103.

[110] Pommerenke D, Strehl T, Heinrich R, et al. Discrimination between internal PD and other pulses using directional coupling sensors on HV cable systems [J]. IEEE Trans.on Electrical Insulation, 1999, 6(6): 814-824.

[111] 朱英伟，周凯，游世宇，等. 电缆附件局部放电超声波检测装置的设计与实验 [J]. 电线电缆，2013（2）：33-36.

[112] 李红雷，李福兴，等. 基于超声波的电缆终端局部放电检测 [J]. 华东电力，2008，36（3）：43-46.

[113] Vahedy V. Polymer insulated high voltage cables [J]. IEEE Electrical Insulation Magazine, 2006, 22(3): 13-18.

[114] Tian, Y, Lewin, P L, Davies, A E, et al. Partial discharge detection in cables using VHF capacitive couplers [J]. IEEE Transactions on Dielectrics and Electrical Insulation, 2003, 10(2): 343-353.

[115] 邱容昌. 电工设备局部放电及其测试技术 [M]. 北京：机械工业出版社，1994.

[116] Kreuger F H. Partial discharge detection in high-voltage equipment [M]. London: Butterworth-Heinemann Press, 1989.

[117] Bartnikas R. Partial discharges: Their mechanism, detection and measurement [J]. IEEE Transactions on Dielectrics and Electrical Insulation, 2002, 9(5): 763-808.

[118] Nattrass D A. Partial discharge measurement and interpretation [J]. IEEE Electrical Insulation Magazine, 1988, 4(3): 10-23.

[119] Van Brunt R J. Stochastic properties of partial-discharge phenomena [J]. IEEE Transactions on Electrical Insulation, 1991, 26(5): 902-948.

[120] 郭俊，吴广宁，张血琴，等. 局部放电检测技术的现状和发展 [J]. 电工技术学报，2005，20（2）：29-35.

[121] 赵智大. 高电压技术 [M]. 2版. 北京：中国电力出版社，2006.

[122] Hasheminezhad M, Vakilian M, Blackburn T R, et al. Direct introduction of

semicon layers in XLPE Cable Model［C］//Power System Technology, 2006. PowerCon 2006. International Conference on. IEEE, 2006: 1－7.

［123］陈家斌. 电缆图表手册［M］. 北京：中国水利水电出版社，2004.

［124］乔瑞萍，等，译. LabVIEW 大学使用教程［M］. 3 版. 北京：电子工业出版社，2008.

［125］王晓霞，孙书星，马殿光. 局部放电在线监测信号中周期脉冲干扰的抑制［J］. 变压器，2002，39（S1）：36－38.

［126］Yang L, Judd M D, Bennoch C J. Denoising UHF signal for PD detection in transformers based on wavelet technique［C］//Electrical Insulation and Dielectric Phenomena, CEIDP'04.2004 Annual Report Conference on 17－20, 2004: 166－169.

［127］王恩俊，张建文，马晓伟，等. 基于 CEEMD－EEMD 的局部放电阈值去噪新方法［J］. 电力系统保护与控制，2016，44（15）：93－98.

［128］唐炬，黄江岸，张晓星，等. 局部放电在线监测中混频周期性窄带干扰的抑制［J］. 中国电机工程学报，2010，30（13）：121－126.

［129］王永强，谢军，律方成. 基于改进量子粒子群优化稀疏分解的局放信号去噪方法［J］. 电工技术学报，2015，30（12）：320－329.

［130］李剑，杨洋，程昌奎，等. 变压器局部放电监测逐层最优小波去噪算法［J］. 高电压技术，2007，33（8）：56－60.

［131］鄢文清，吴毅彪. 一种 GIS 局部放电信号分层去噪方法［J］. 江西电力，2015（1）：74－76.

［132］李天云，高磊，聂永辉，等. 基于经验模式分解处理局部放电数据的自适应直接阈值算法［J］. 中国电机工程学报，2006，26（15）：29－34.

［133］陈平，李庆民. 基于数学形态学的数字滤波器设计与分析［J］. 中国电机工程学报，2005，25（11）：60－65.

［134］唐炬，樊雷，卓然，等. 用最优谐波小波包变换抑制局部放电混频随机窄带干扰［J］. 中国电机工程学报，2013，33（31）：193－201.

［135］罗新，牛海清，胡日亮，等. 一种改进的用于快速傅里叶变换功率谱中的

窄带干扰抑制的方法 [J]. 中国电机工程学报，2013，33（12）：167-175.

[136] 张宇辉，刘梦婕，黄南天，等. 频率切片小波变换在局部放电信号分析中的应用 [J]. 高电压技术，2015，41（7）：2283-2293.

[137] 王刘旺，朱永利，李莉，等. 基于自适应双阈值的局部放电基本参数提取 [J]. 高电压技术，2016，42（4）：1268-1274.

[138] 柳松，彭嘉康，王霞. 不同涂覆条件对 XLPE/硅橡胶界面击穿强度的影响 [J]. 绝缘材料. 2013，46（5）：66-69.

[139] 万利，周凯，李旭涛，等. 以电场特征理解电缆终端气隙的局部放电发展机理 [J]. 高电压技术 2014，40（12）：3709-3716.

[140] 常文治，阎春雨，李成榕，等. 硅橡胶/胶联聚乙烯界面金属颗粒沿面放电严重程度的评估 [J]. 2015，30（24）：245-255.

[141] Kreuger F H. Classification of partial discharges [J]. IEEE Transactions on Electrical Insulation，1997，28（6）：917-930.

[142] 刘晓虹，巩瑞春，仝晓梅. 运用离散傅里叶变换近似分析连续信号频谱方法的研究 [J]. 计算机光盘软件与应用，2014，17（21）：137-138.

[143] Gustavsen B. Panel session on data for modeling system transients insulated cables [C] // Power Engineering Society Winter Meeting.Columbus, USA: IEEE, 2001: 718-723.